SILENT SPRING

寂静的春天

Rachel Carson

〔美〕蕾切尔·卡森 著

马绍博 译

台海出版社

果麦文化 出品

目录 / Contents

第一章

明日寓言

美国中部曾有一座小镇，一眼望去，镇上所有生命都与周围的环境和谐共生。小镇四周是一大片繁茂的农场，阡陌分明，宛若棋盘，田地里庄稼茂盛，山坡上果木成林。每到春季，怒放的白色花朵覆盖青翠的原野，如流云一般摇曳生姿；秋日里，橡树、枫树和桦树的斑斓亮色透出茂密的松林，如火光一样灿烂。那时常有狐狸在山间嗥叫，野鹿半隐在秋季的晨雾中，静悄悄地穿过田野。

小路两旁长满月桂、荚蒾、赤杨，还有巨大的蕨草和各种野花，在一年的泰半时光中都让旅人赏心悦目。哪怕寒冬降临，路边也有怡人的风景，众鸟翔集于此，啄食从雪下冒出头的浆果和枯草的穗。这片乡野一向是观赏飞鸟的著名所在，春秋两季候鸟迁徙之际，花羽遮天蔽日，引得人们从千里之外赶来观赏。还有一些人来溪边垂钓，清冽的溪水从山涧流出，在绿荫遮蔽处汇聚成潭，潭中成群的鳟鱼游动。这儿一直如此美丽，直到多年前小镇迎来第一批拓荒者，他们在此筑屋凿井、修建谷仓。

随后，一种令万物凋萎的疫病突然蔓延开来，改变了一切。整个镇子像被施了恶咒，死亡的阴影无处不在：鸡、牛、羊染上了不知名的恶疾，成群成群地倒毙。农人纷纷议论着家人的病况，当地医生被前所未见的奇怪症状搞得不知所措。不仅成年人会毫无缘故地猝死，就连孩子也可能在打闹嬉戏的时候突然发病，几小时之后便会夭亡。

小镇陷入一片怪异的死寂。鸟儿怎么都不来了？人们谈起这件事都觉得困惑不安。后院给鸟儿喂食的地方冷冷清清，就算零星看到几只小鸟，也都奄奄一息，浑身痉挛，再也无法飞翔。这是一个静默无声的春天。从前那些日子，小镇的黎明回荡着知更鸟、猫鹊、鸽子、松鸦、鹪鹩的大合唱和其他鸟儿的和声，可如今再也没有鸣禽百啭，山野林泽间只余一片寂静。

农场的母鸡仍在孵蛋，但没有小鸡破壳而出。农民抱怨说再也没法养猪了，因为刚生下的猪崽个头太小，根本活不了几天。园内的苹果树开了满枝繁花，可是少了在花间穿梭的蜜蜂。而花儿没有经过授粉，自然也就结不出果子。

昔日游人寻芳的小径如今只余下灰褐色的枯枝败叶，像被野火焚烧过一般。生物纷纷离去，留下一片死寂。连溪流也了无生气，鱼儿已经全部死亡，钓客也不再光临。

檐下的水沟里和屋顶的瓦片间还残留着一块块白斑，是某种白色细粉留下的痕迹。几周前，这种粉末像雪花一样从天而降，飘洒到房顶、草地、田野和溪流中。

从来就没有什么巫术或者敌人的破坏行动，人们不过是自食其果，在这片千疮百孔的土地上扼杀了新生命的复生。

虽然这个小镇只是一个虚构的所在，但在美国和全球各地都能轻而易举地找出千万个类似的地方。我知道,并没有哪一个村镇曾经同时遭受过上文描述的全部不幸,但每一种灾祸都可以在现实中找到前车之鉴,而且不少村镇蒙受的灾祸不止一种。一个恐怖的幽灵正悄悄浮现,而我们茫然无知。这幅想象中的惨景极有可能成为我们都将面对的严峻未来。

是什么扼杀了美国无数小镇的春日之声?本书将尽力给出一个解答。

第二章

忍受的义务

地球的生命演进史就是一部生物与其生存环境互相作用的历史。自然环境在很大程度上塑造了动植物的形态与习性，而从地球漫长的年岁来看，后者对前者的反作用微不足道。只有在人类出现之后，尤其是在20世纪，才终于有一个物种掌握了改变自然界的伟力。

过去25年间，这种力量不仅增强到了令人忧心的地步，而且性质也有了翻天覆地的变化。人类给环境造成了种种破坏，其中最令人担忧的是危险物质乃至有毒物质对空气、土壤、河流与海洋的污染。环境经此污染，大多不可恢复，而且还会对生物生存环境乃至生物组织产生不可逆转的负面影响。在如今这个污染物遍地的环境中，化学物质是一种常常被忽视的危险因素，它与放射性物质一样能够改变大自然以及生命体的性质。核爆炸释放到空气中的锶90元素或随降雨落下，或以辐射性微尘的形态随风飘落，渗入泥土，被地上的野草、玉米、麦子吸收，最后逐渐沉积于人体骨骼中，附着一生。同样，在农田、森林、果园里喷洒的化学物质也会长期残留于土壤中，随后进入有机生物体内并在食物链上逐级传播，造成一连串中毒和死亡。这些化学物质也可能随地下潜流悄悄传递，直到有朝一日露出地表，在空气和阳光的作用下发生化学反应，生成令植物凋萎、牲畜患病的新物质，还会让那些惯于直接饮用洁净井水的人不知不觉地受到伤害。阿尔贝特·施韦泽[1]曾经说过："人类甚至辨认不出自己创造的魔鬼。"

地球走过了数亿年光阴，才终于孕育出了生命——从洪荒之际开始的漫长的发展演变产生了多元化的生命形态，最终让生命适应了环境并达到一种平衡。环境细致地塑造和影响着生命，同时具备着孕育生命和毁灭生命的两极化因素：某些岩石会产生危险的辐射；即使是万物汲取能量的阳光之中也包含着有害的短波辐射。生命在以千年为单位计算的岁月中不断调整，最终达到了一种平衡——时间是演化的重要因素，但在现代世界的演变中，我们最缺乏的恰恰就是时间。

现代人类轻率而鲁莽的行为打乱了自然演变的审慎节奏，迅速催生了各种全新的环境条件。如今，辐射不仅来自那些在地球尚无生命之际就已存在的物质，例如辐射性岩石、汹涌来袭的宇宙射线或阳光中的紫外线，它更是一种人为产物，是人类随意分裂原子的后果。地球生命目前被迫适应的化学物质也不再是钙、硅、铜等被河流从山岩中冲刷入海的矿物质，而是人类发挥创造力合成的物质，它们纯然诞生于实验室里，在自然环境中从来不曾存在。

1　阿尔贝特·施韦泽（Albert Schweitzer，1875—1965）：生于德国，20世纪伟大的哲学家、神学家、医生、人道主义者，提出了"敬畏生命"的伦理学思想。1952年获得诺贝尔和平奖。（如无特别说明，本书注释均为译者注）

生命需要经过自然演化尺度上的漫长光阴才能适应这些化学物质，这不是在个体生命跨度之内能够完成的过程，至少需要几代人的时光。即便这种奇迹能够发生，也依然于事无补，因为人类会从实验室里源源不绝地推出新的化学品。仅在美国每年就有近500种新开发的化学品投入使用，这是一个相当骇人的数字，人们很难理解这意味着什么，又会带来怎样的后果——人和动物的躯体每年需要设法适应500种全新的化学物质，这是地球生命从古至今从未体验过的挑战。

这些化学品中已有很多种被用于人类征服自然的战争。20世纪40年代中期至今，为了杀灭昆虫、杂草、小型啮齿类动物以及被现代人斥为"害虫"的生物，人类已研发出了200多种基础化学品，目前正冠以几千种不同的品牌名称在市场上售卖。

非选择性（non-selective）农药[1]喷雾剂、粉尘和气溶胶目前被广泛应用于农场、园林和住宅区当中，将一切昆虫屠杀殆尽——无论是害虫还是益虫；不再有鸟鸣于树、鱼跃于溪，绿叶蒙上一层致命的药膜，毒物残留在泥土中久久无法分解，而人们的初衷也许只是为了消灭区区两三种杂草或昆虫。难道有谁会一厢情愿地认为，向地球表面大量倾泻毒药不会影响到生物的生存环境？这些物质根本就不该称为"杀虫剂"，应该叫"杀生剂"才对。

喷洒农药的整个过程似乎陷入了一个恶性循环的怪圈。自从

1　"非选择性农药"与"选择性农药"的概念是相对的，后者表示在一定剂量范围内对一定类型或种属的生物有毒性，而对一定类型或种属的生物无毒性或毒性很低的农药。因此，非选择性农药就表示对一切病、虫、草害均可能有防治效果的广谱性农药，甚至可能是灭生性药物。

DDT[1]投入民用后，农药开发的规模就不断升级，我们必须不断研发出毒性更猛烈的化学物质，才能保证斗争的成果。这是因为某种农药施放后，昆虫就会进化出对它免疫的"超级品种"——达尔文所谓的"适者生存"就是这个意思，所以必须再开发一种更致命的农药对付它，如此循环下去，农药的毒性就会越来越高。此外还有一个原因：喷过农药后的一段时间内，害虫数量通常会成倍增加，呈现"反扑"的态势（后文会继续介绍这个问题）。因此人类永远打不赢这场化学战争，而且还会把地球上的所有生命都置于这片惨烈的火力网之下。

由此可见，当今世界面临的核心威胁，不仅在于足以灭亡人类的核战争，更在于人类一手炮制出了遗患无穷的化学毒物，对整个自然环境造成了严重伤害。这些有毒物质在动植物组织中不断累积，甚至能够穿透生殖细胞，彻底摧毁或改变决定人类种群未来的遗传物质。

一些渴望塑造人类未来的遗传学家总是盼望着一个新时代，那时人类可以自行修改人类生殖质[2]的成分。但如今人类已经可以毫不费力地达到这个目的，因为很多化学物质像辐射一样会导致基因

1　DDT(Dichloro-Diphenyl-Trichloroethane)，也即滴滴涕，学名是"双对氯苯基三氯乙烷"。纯 DDT 为白色晶体，不溶于水，可溶于煤油制成乳剂，对人类毒性较低。DDT 曾是全球最著名的抗疟武器，但在 20 世纪 60 年代之后，科学家发现这种物质不易降解，而且会在动物脂肪中累积，对鱼类和鸟类的生存繁殖威胁尤其严重。《寂静的春天》出版之后，公众才广泛了解到 DDT 的危害，世界各国也一度立法禁用 DDT。2002 年，世界卫生组织宣布重新启用 DDT 控制蚊虫以及虫媒疾病。

2　生殖质（Germplasm）是卵子生成过程中形成的一种特殊的细胞质成分，分布在卵子或胚胎的一定部位，含有这种成分的细胞将发育为动植物的原始生殖细胞，再由它产生出两性的生殖母细胞（如初级精母细胞、初级卵母细胞、胞子母细胞等）。

突变。人类可能在看似微不足道的选择（比如选择哪种杀虫剂）之中就决定了自己的未来命运，这可真是一种讽刺。

人类已经赌上了一切——可是，这究竟是为了什么？未来的历史学家一定会为我们如今本末倒置的行为惊异不已。身为万物之灵长，人类怎么会只为了防治区区几种不想要的生物就彻底污染整个自然环境，不惜将患病和死亡的风险加诸自身？智慧的人类怎么会做出这种蠢行？

但这就是现状。我们自取其咎，行为背后的原因根本经不起推敲。人们早就听说大规模使用杀虫剂是保证土地亩产量的必要条件——可是美国眼下面临的问题难道不是生产过剩？尽管我们已经在削减耕地面积、补贴农场主，让他们不要生产，但现有的农场还是余粮惊人，以至于仅在1962年当年，美国政府耗费了逾10亿美元税款贮存多余的粮食。而且因为美国农业部内部分歧不断，这种情况并没有好转——农业部某个下属机构试图降低产量，而另一个下属机构则像1958年那样再度表态：

> 一般认为，《土地银行法案》中规定削减耕地面积的条款会刺激农户更积极地使用化学农药，从而尽可能地让已有耕地获得最高产量。

以上这些叙述并不是在否认害虫肆虐的问题，或者否认害虫防治的必要。而是说防控要根据实际情况来进行，不能以杜撰出来的威胁为依据。而且采用的防控手段也不能让人类与昆虫玉石俱焚。

害虫防治可能成为一个遗患无穷的问题，它伴随现代化的生活方式而产生，我们在寻求解决方案的过程中已经造成了一连串灾难。早在人类诞生之前，昆虫就是地球上的居民，演化出了千奇百怪的种类，具有惊人的适应能力。人类出现后，50多万种昆虫中的一小部分渐渐与人类的福祉发生了冲突，主要分为两类：食物的竞争者以及传染病的媒介。

在人类群居之处，致病昆虫的危害不可小视，尤其在卫生条件不佳的时期（如战争期间或天灾之后）或极端贫困的地区，因此害虫防治成了必不可少的措施。但下文很快就会讲到一个令人警醒的事实：大规模使用化学品防治害虫是得不偿失的行为——成果非常有限，而且很有可能导致环境的恶化。

原始农业时期的虫害并不猖獗，昆虫泛滥成灾的问题是农业集中化之后才产生的——在大片田地中单一种植某种农作物的耕作制度为害虫数量的爆发性增长提供了有利条件。单一种植法无法利用自然的便利法则，它只是农业工程专家空想出来的耕作方式。大自然本来描绘了一幅丰富多彩的图景，而人类热衷于把它简化，因此也就摒弃了制约物种数量、保持生态平衡的天然机制，其中一项重要的自然制约机制就是为每个物种都分配了面积有限的栖息地。因此，显而易见，食麦为生的昆虫在一片纯麦田中的繁殖速度必定会比混种了其他（不适合该种昆虫生存的）作物的田地里快得多。

依此类推，树木害虫泛滥的原因也是一样。一两代人之前，美国多数地区的城镇都在道路两边栽种了高大雄伟的榆树，他们满怀希望地创造出来的美丽景致如今却濒临毁灭——一种由甲虫传播的病害席卷了榆树林。但假如榆树与其他树种混生的话，这种甲虫大量繁殖的概率本应很低。

时至今日，我们必须在地理变迁和人类历史沿革的大背景下审视害虫肆虐的原因——千万种彼此不同的物种从原生栖息地逐渐侵入新领地，这种迁徙造成了害虫泛滥的局面。英国生态学家查理斯·埃尔顿（Charles Elton）在近年出版的一部著作《入侵生态学》（*The Ecology of Invasions*）中研究了全球范围内的物种迁徙过程，并描绘出了具体的迁徙线路。几千万年前的白垩纪时期，洪涛汹涌的大洋在大陆间分割出了许多"陆桥"，陆地上的生物被限制在埃尔顿所谓的"彼此分隔的巨型自然保护区"当中，与同类隔绝开来，逐渐演化出了很多新品种。1500万年前，一些大块的陆地又彼此连接起来，这些物种开始向新领地进发——这个过程一直持续至今仍然没有停歇，而且人类还在推波助澜。

植物进口是促进现代社会物种传播的主要因素，因为引入植物也难免带来一些附着其上的动物，虽然人类别出心裁地设计了检验检疫的举措，但这一行为实施较晚，而且并不完全有效。仅仅美国植物引种局这一个机构就从世界各地引进了20万种植物及变种，目前美国主要的植物害虫已经超过180种，近一半是无意输入的，其中的绝大多数都是附着在植物上被带进了美国。

新领地没有原生栖息地的自然天敌来限制种群数量，因此入侵动植物得以大量繁殖。我们已经发现美国为害最猖獗的一些昆虫都是外来物种，这一现象并不是偶然。

无论是自然发生的还是伴随人类活动而产生的入侵行为都很可能永久持续下去。检疫也好，大规模施放化学品也好，都只是以昂贵的代价来推迟入侵的时间而已。正如埃尔顿博士所说，我们面临的"生死攸关的需求，并不只是寻找新的技术手段来抑制各种动植物的繁殖危害"，而是了解生物繁殖以及环境影响的基本知识，从而"取得一种平衡态，以缓解虫灾暴发和新物种入侵的危害"。

很多必要的知识已经摆在面前，但人们弃而不用。高校辛辛苦苦培养出了生态学专家，甚至政府机构也雇用了这些专家，但我们很少听从他们的意见。我们大肆倾泻着化学农药构成的死亡之雨，好像这就是唯一的方法。但其实很多替代方法都是现成的，而且只要给我们机会的话，以人类的聪明才智完全可以迅速找到更多的出路。

我们是不是在别人的蛊惑之下，觉得这种低级有害的方法无可避免，从而丧失了追求卓越的意志和远见？生物学家保罗·谢泼德（Paul Shepard）生动地描绘了这种心态："认为生命的常态就是面临灭顶之灾，环境恶化的底线就应该近在咫尺……我们为什么要忍受能让自己慢性中毒的食物，忍受乏味无趣的居住环境，忍受一群仅仅算不上是敌人的朋友，忍受马上就要把人逼疯的发动机的轰鸣？谁愿意生存在一个仅仅是'没那么'致命的世界当中？"

然而这样的世界正在步步逼近。用化学农药征服大自然，创造一个寸草不生、昆虫销声匿迹的世界，似乎正是大多数专家和所谓"防控部门"的狂热渴望。从任何一个角度来看，那些负责喷洒杀虫剂和农药的人都在滥用权力。康涅狄格州的一名昆虫学家尼利·特纳（Neely Turner）说过："监管喷药行为的昆虫学家……既是公诉人，又是法官和评审团，又是计税与征税的官员，又是强制执行自己签发的法令的警长。"无论是州级还是国家级机构都对那些公然滥用农药的行为置若罔闻。

我并不主张从今以后要彻底废除化学杀虫剂。但我认为，我们不该继续把有毒化学品和有生物活性的化学品不加辨别地交到民众手里，他们完全不了解这些物质可能造成怎样的危害。我们强迫大量民众接触这些毒药，但并没有征得他们同意，有些人甚至毫不知情。如果说，《权利法案》确实没有明文规定公民有权免于接触由个人或政府施放的致命毒药，那只是因为我们的先辈丝毫预料不到今天会产生这样的问题，不管他们多么睿智而充满远见。

而且，我们根本没有调查化学品对土壤、水体、野生动物乃至人类自身有何影响，就匆匆忙忙把化学农药喷洒了出去。大自然承载着万物的生存，可是我们已经打破了自然环境的和谐与整体性，后世子孙大概不会宽恕我们如此草率的行为。

人们对这种威胁的性质仍然所知甚少。这是一个专家当道的时代，这些人出于无知或偏狭，总是只盯着自己的专业领域，看不到背后反映出的整体问题。这也是一个工业化生产的时代，只要产品能赚钱，无论付出什么代价都不会有人质疑。公众看到了杀虫剂所致的灾难性后果而提出抗议，却只能收获一些半真半假的安慰。我们需要戳穿虚伪的承诺，剥去那层糖衣，正视难以下咽的苦果。承担害虫防控风险的群体是人民大众，所以只有大众才有权决定自己是否还要沿着眼下这条路走下去，而做决定的前提是完全掌握事实。所以，用法国生物学家让·罗斯丹（Jean Rostand）的话来说："忍受的义务赋予我们知情权。"

第三章

死神的炼金术

　　这是人类历史前所未见的景象：每个人从孕育之初直至死亡，在整个生命历程中都不得不接触各种各样危险的化学物质。人工合成化学品的使用尚不足20年，但分布范围已经遍及全球，渗透了一切有生命和无生命的环境。人们已经从大多数主干水系甚至地下水源中发现了它们的踪迹。这些化学品施放了一二十年之后还会残留于土壤当中，而且会广泛贮存在鱼类、鸟类、爬行类动物、大型牲畜以及野生动物的体内，做动物实验的科学家发现不受污染的受试对象几乎无处可寻。这些物质无处不在——深山的湖泊里、土壤中的蚯蚓体内、在鸟类产下的卵中甚至人体内。没错，这些化学物质现在广泛贮存于人体之中，无论男女老幼都不能幸免。在孕期女性的乳汁中也已检测到了这些物质，它们很可能也存在于人类的胚胎组织当中。

　　这种景象之所以会存在，是因为合成化学杀虫剂产业横空出世并获得了蓬勃发展。这个产业诞生于第二次世界大战，当时一些化学武器研发机构发现，某些实验室合成的化学品对昆虫有致死作用。这个发现并非偶然，因为昆虫就是最常用来检验化学药物对人类致死能力的受试生物。

从此，人类开始无休无止地合成各种杀虫剂——研究人员可以操纵分子、合成原子、改变物质的结构，所以"制造"杀虫剂的概念与第二次世界大战前相比已经截然不同。这些杀虫剂从自然界中的矿物质和植物产品中衍生而来——包括砷、铜、锰、锌等矿物质的化合物，从干菊花中提取的除虫菊素（Pyrethrum）类物质，从烟草属植物中提取的硫酸烟精（Nicotine sulphate）类物质，从原生于东印度地区的豆科植物中提取的鱼藤酮（Rotenone）类物质。

而这些合成杀虫剂的特点在于极高的生物活性[1]。说它们遗患无穷，是因为它们不仅能毒死昆虫，还能介入人体最关键的代谢过程，损伤人体组织乃至引发死亡。本书后文将会介绍这些合成杀虫剂如何杀灭生物体内的保护性酶类、阻碍细胞中为生物体供能的氧化反应、妨碍各种器官的正常运作，甚至导致细胞发生缓慢而不可逆转的改变，诱发恶性肿瘤。

但每一年人类都会再度研发出无数种更为致命的新型化学物质，并将其投入实际使用，接触有毒物质已成为全世界人们的生活常态。美国合成杀虫剂的产量从1947年的不到6万吨迅速飙升到1960年的近30万吨，增长了近5倍，总价值已超过2.5亿美元。但化工产业认为这样庞大的数字不过是一个开端，他们还希望生产，也正在生产更多的毒物。

所以，每个人都有必要详细了解有关杀虫剂的一切。如果我们真打算与这些化学品亲密接触——让它们掺入日常饮食、沉积于骨髓之

---

1 生物活性（Biological potency）是生物化学或医学领域的概念，用于衡量某种物质引起细胞正常机理发生改变的能力。

中，那么我们最好首先弄清这些物质有什么特性、它的威力几何。

　　尽管第二次世界大战标志着杀虫剂产业走出了无机化学品的范畴，迈入了碳分子构成的神奇时代，但有几种传统杀虫剂还在使用当中。主要是砷类物质，它仍然是各类除草剂和杀虫剂的基本成分。砷是一种高毒矿物质元素，广泛存在于各种金属矿的原石当中，在火山、海洋和泉水中也有微量存在。砷与人类有着极深的渊源，砷类化合物大多无色无味，因此从波吉亚家族[1]的时代开始就备受谋杀者的青睐。大约两百年前，一位英国医生发现工厂烟囱飘出的煤烟能够致癌，而煤烟之中就有砷——砷以及某些芳香烃类物质正是煤烟致癌的罪魁祸首。在很长一段历史时期当中，慢性砷中毒是威胁某些地区全部生物种群的流行病，这是有据可查的事实。砷污染的环境也可能让牛、马、山羊、猪、鹿、鱼、蜜蜂等生物患病甚至死亡，尽管有这些前车之鉴，但人们至今还在大范围使用含砷的喷雾和粉剂。在美国南部那些喷过砷类农药的产棉区域，当地的养蜂业几乎灭绝。长期使用含砷化学粉剂的农人饱受砷中毒的折磨，家畜也因为接触作物肥或除草剂而纷纷中毒。蓝莓田里的药粉被风吹到邻近的农场，污染了溪流，毒死了蜜蜂和牛群，也引发了人类的疾病。"近年来，我国大肆使用含砷农药的行为已经成了风气，丝毫不顾忌对人类健康的影响。"来自环境性癌症领域的权威机构——美国国家癌症研究所

1　波吉亚家族（Borgias）：波吉亚家族是 15 和 16 世纪影响整个欧洲的西班牙裔意大利贵族家庭，在文艺复兴时期的声名仅次于美第奇家族，但他们的"名"多为恶名——这是一个被阴谋、投毒、乱伦的阴影笼罩着的家族。不过波吉亚家族对艺术的倾力支持也使得艺术家们成为那个时代意大利最耀眼的人物，由此推动了文艺复兴运动走向巅峰。

的休珀（W. C. Hueper）博士如是说，"亲眼看过我们施放砷类杀虫剂的人一定会吓一大跳，因为不管是喷雾剂还是粉尘剂，我们用起来根本不当一回事儿。"

而现代杀虫剂更加致命，它们的化学成分一般可以分为两大类：第一类以DDT为代表，也即氯化烃（Chlorinated Hydrocarbon）杀虫剂；另一类则是有机磷（Organic Phosphorus）杀虫剂，两种常见药剂是马拉硫磷（Malathion）和对硫磷（Parathion）。这两类化学杀虫剂有一个共性，如上文所说：这些药品都是以碳原子为基础合成的，是构成碳基生物体不可缺少的成分，因而归类为"有机物"。要了解这些物质，我们必须知道它们是如何创造出来的，以及这种构成了地球上一切生命体的基础物质如何经过了增删和修改，变成了足以致命的毒药。

地球上的基础元素是碳，碳元素彼此相连可以成链、成环，几乎有无限种结构可能，而且碳原子还能和其他元素的原子连接起来。我们眼中的大千世界之所以展现出丰富的物种多样性——小到细菌，大到蓝鲸，很大程度上都要归功于碳原子的这种特性。复杂的蛋白质分子就是在碳原子彼此连缀的基础上形成的，脂肪分子、碳水化合物、酶类、维生素等其他物质无不如此。不过碳元素也不一定只象征着生命，很多非生物体同样也是由碳元素组成的。

一些有机化合物仅由碳原子和氢原子结合而成。最简单的碳氢化合物是甲烷，又称沼气。在自然界当中，细菌在水下分解有机物就会产生沼气。沼气以适当比例与空气混合之后，就成了煤矿中让人闻之色变的"瓦斯"。甲烷由一个碳原子连接四个氢原子组成，有一种简洁的美感。

$$
\begin{array}{ccc}
H & & H \\
& C & \\
H & & H
\end{array}
$$

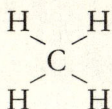

化学家发现可以把其中的一个或多个乃至全部氢原子替换成其他元素。如果将其中一个氢原子换成氯原子，我们就得到了氯甲烷。

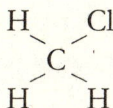

$$
\begin{array}{ccc}
H & & Cl \\
& C & \\
H & & H
\end{array}
$$

如果将其中三个氢原子换成氯原子，我们就得到了三氯甲烷，也就是氯仿。

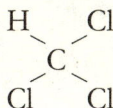

$$
\begin{array}{ccc}
H & & Cl \\
& C & \\
Cl & & Cl
\end{array}
$$

如果将所有氢原子都替换成氯原子，就得到了四氯化碳，也就是我们最常用的清洁剂[1]：

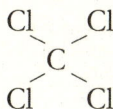

$$
\begin{array}{ccc}
Cl & & Cl \\
& C & \\
Cl & & Cl
\end{array}
$$

以上只是几个最简单的例子，用甲烷分子发生的改变来说明烃

1　四氯化碳是一种无色有毒液体，能溶解脂肪、油漆等多种物质。过去常作为灭火剂和冷却剂，在美国常用于工厂和家庭作为除垢清洁剂。但因为四氯化碳会破坏臭氧层，且有致癌效果，目前已被更安全的物质取代。

类物质（碳氢化合物）经过氯化之后的样子，但这个例子自然无法展示出烃类世界的复杂性，更别提有机化学家创造纷繁复杂的化合物的各种工巧手段了——他们操纵的对象可不是只含有一个碳原子的甲烷分子，而是复杂得多的化合物，很可能是由多个碳分子排列成环或成串的分子，不仅带有各种侧链与分支，还通过化学键结合了很多远比氢原子或氯原子更复杂的各族元素[1]。看似微不足道的改变却可以彻底改换整个物质的性质，比如，决定化合物性质的不仅仅是碳原子连接的元素种类，就连元素结合在什么位置也至关重要。从这些巧妙的操纵中诞生了一系列威力庞大的毒药。

DDT在1874年由一位德国化学家首次合成，但它的杀虫特性直到1939年才被人发现。随后，DDT在一夜之间就被称颂为消灭虫媒疾病、战胜作物害虫的强力武器，而发现了这一功能特性的瑞士化学家保罗·穆勒（Paul Müller）也因此获得了1948年的诺贝尔生理学或医学奖。

如今DDT的应用范围如此之广，人们习以为常，甚至认为这种产品完全无害。也许在战时首次把DDT药粉撒向千万名士兵、难民、囚犯身上以杀灭虱子的时候，DDT无害的神话就已经初见雏形。人们普遍认为，既然这么多人与DDT有过密切接触而没有立即表现出病状，那么这种化学药品一定是完全无害的。这种误解是有来由的——因为DDT制成粉剂的时候，不像很多氯化烃化合物一样能被皮肤良好吸收。但DDT通常会淋溶于土壤中，这时就会表现出剧毒的特性。如果不慎吞食，DDT会在消化道中缓慢吸

1　元素周期表中的列称为"族"。中国通用的维尔纳长式周期表把目前人类已知的元素分为18族，同一族中的元素（尤其是主族元素），物理性质和化学性质呈现一定的相似性。

收，也可能经由肺部吸收。DDT为脂溶性物质，一旦进入生物体内，就会贮存在肾上腺、睾丸或甲状腺等脂肪囤积的器官当中，此外还有相对可观的剂量沉积在肝脏、肾脏以及覆盖于肠体外部起到保护作用的肠系膜的脂肪层当中。

DDT在生物体内的贮存是从极小的剂量开始的——小到无法觉察（很多食物中都有DDT残余），然后慢慢累积到一个很高的水平。脂肪像生物磁石一样慢慢富集着DDT，即使饮食中的DDT浓度只有0.1 ppm[1]，最后生物体内的累积浓度也会达到10～15 ppm，超过一百倍。这些都是化学家和药理学家耳熟能详的数据，但不为民众所知。确实，百万分之一的浓度看起来非常微小，但这种物质的威力极高，些微剂量都会让人体产生巨大改变。实验显示，一只受试动物心血管中的某种关键酶已经累积了3 ppm的DDT，而只需5 ppm的浓度就会引发肝细胞坏死或崩解。如果换成与DDT极相似的物质狄氏剂或氯丹，那么只需2.5 ppm就足以产生相同的效果。

其实这种现象并不让人惊异——人体正常化学反应的变化只在毫厘之间，例如万分之二克的碘含量就能造成健康和疾病的判然差别。由于微量杀虫剂会在体内逐渐累积贮存，而排泄速度非常缓慢，因此慢性中毒以及肝脏等器官功能衰退的危险是切实存在的。

科学界对于人体能够贮存多少DDT的问题有所争议。阿诺

1　ppm（part per million）：百万分率，1 ppm 即是一百万分之一。

德·莱曼（Arnold Lehman）博士是美国食品和药品监督管理局[1]的首席药理学家，他表示既不存在一个无法吸收DDT的下限，也不存在一个吸收和贮存的上限。但美国公共卫生局的威兰德·海斯（Wayland Hayes）博士却认为，每个人的身体都有一个贮存DDT的平衡点，超过这个平衡点之后DDT就会被排泄出去。而从实际角度来看，哪种说法是正确的都无所谓了，因为人体贮存农药的问题已经得到了充分调查，我们知道每个人体内都或多或少贮存着DDT，都可能造成危害。各种研究显示，没有直接接触DDT的人们（饮食中的摄入除外，这是不可避免的）体内平均贮存了5.3~7.4 ppm DDT，而农业工人则是17.1 ppm，杀虫剂工厂的工人体内贮存量则高达648 ppm！这说明人体内的DDT贮存量彼此差别很大，而更关键的一点在于，连最小的贮存量都超过了足以损伤肝脏等器官与组织的最低剂量。

DDT和同类化学品最邪恶的特性在于可以通过食物链中的一切环节在有机生命体之间层层传递。比如在苜蓿田中施用了DDT之后，再采摘苜蓿喂鸡，那么母鸡产下的蛋中就含有DDT；用残留了7~8 ppm浓度DDT的干草饲喂奶牛，那么挤出的牛奶中就含有3 ppm的DDT，如果再把这些牛奶制成奶酪，浓度就会飙升到65 ppm。这种层层转化的过程让极为微量的DDT残留富集成了高浓度。虽然美国食品和药品监督管理局禁止跨州销售的牛奶中存在

1　美国食品和药品监督管理局（U.S. Food and Drug Administration, FDA）是直属美国健康及人类服务部管辖的联邦政府机构，主要职能为负责对美国国内生产及进口的食品、膳食补充剂、药品、疫苗、生物医药制剂、血液制剂、医学设备、放射性设备、兽药和化妆品进行监督管理。

残留杀虫剂，可是如今饲养奶牛的农户已经很难找到无污染的饲料了。

毒素也可能在母婴之间传播。美国食品和药品监督管理局的科学家也从哺乳期女性的乳汁中检测出了杀虫剂的残留，这就意味着母乳喂养的婴儿也会定期摄入微量有毒物质累积于身体当中。而这绝对不是婴儿和化学品的初次接触，有证据显示，毒素累积的过程从胚胎在子宫中的发育阶段就已开始。动物实验表明，氯化烃类杀虫剂能够自由穿透胚胎与母体之间过滤有害物质的天然保护盾——胎盘。虽然婴儿摄取的毒素剂量非常微小，但绝对不容忽视，因为儿童对毒素比成人更为敏感。此外，这种情况也意味着现代人从出生开始，体内就在不断累积着毒素，而且这些毒素会携带终生。

所有这一切——微量贮存、后续累积以及肝功能损伤的问题促使美国食品和药品监督管理局在1950年发表声明："我们极有可能严重低估了DDT的潜在风险。"人类医学史上还没有这种先例，而目前还没有人知晓最终会迎来何种结果。

氯丹（Chlordane）是另一种氯化烃化合物，它不仅具备DDT所有的不良特性，还多出了几种独特的危害。这种物质会在泥土和食物里以及喷洒过的任何表面上长期残留。氯丹无孔不入，可以通过皮肤沾染吸收、呼吸道吸入液态雾滴或者粉尘、消化道吸收食物残毒等等一切途径进入人体。像其他所有氯化烃化合物一样，氯丹也会在人体内逐渐累积贮存。动物实验表明，食料中如果残留了2.5 ppm的氯丹，最终在动物体内的累积贮存量就可能高达 75 ppm。

因此，莱曼博士这位经验丰富的药理学家在1960年将氯丹定性为"毒性最高的一类杀虫剂——人类一旦接触就有可能中毒"。但人们并没有把这个警告放在心上，美国城郊居民打理草坪时仍在毫无顾忌地使用着各种农药粉剂，包括氯丹在内。有人会说这些居民并没有立即发病，但这种争辩毫无意义，因为毒素会在人体中长期潜伏，在数月乃至数年后才导致身体失调，几乎完全无法根据这些症状追溯源头。而且，死亡也可能突然降临。有一位氯丹受害者不小心将含有25%浓度药剂的工业溶剂洒在皮肤上，还不到40分钟就出现了种种中毒症状，没等急救人员抵达现场就死亡了。我们不能指望发病之前有什么提前的警示，从而留给我们及时就诊的时间。

七氯（Heptachlor）本来是氯丹的一种成分，后来作为单独的配方上市。七氯在脂肪中的贮存能力特别高，如果饮食中含有1 ppm七氯，人体贮存的浓度就已经可以被检测到了。七氯还有一种奇特的能力——可以转化为化学性质截然不同的环氧七氯（Heptachlor epoxide），这种变化既可以在土壤中完成，也可以在动植物组织中完成。鸟类实验表明，这种衍生物的毒性比七氯还强，更是氯丹毒性的4倍。

早在20世纪30年代中叶，人们就发现一种特殊的烃类化合物"氯化萘（Chlorinated Naphthalene）"能够引发肝炎（一种非常严重的肝损伤，几乎100%致死），而由于职业原因接触过氯化萘的人后来无一例外全都患上了致命的肝部疾病。氯化萘就是当年美国电子工业工人患病死亡的元凶，农业上也认为它能导致畜群离奇患病，而且基本无法救治。检视过这么多案例以后，无怪与氯化萘有关的三种杀虫剂正是所有烃类物质中毒性最猛烈的三种——即狄氏剂（Dieldrin）、艾氏剂（Aldrin）以及异狄氏剂（Endrin）。

狄氏剂以德国化学家狄尔斯（Diels）命名，吞咽毒性是DDT的5倍，溶于溶剂并经皮肤吸收的毒性更高达50倍。这是一种臭名昭著的农药，中毒者发病极快，神经系统严重受损，产生躯体震颤，而且恢复极慢，让中毒者饱受慢性病症的折磨。和其他氯化烃化合物一样，狄氏剂会导致各种长期症状，其中就包括严重的肝损伤。漫长的残留期以及高效的杀虫效果让狄氏剂成为人们现今使用最广泛的杀虫剂之一，尽管使用之后会对野生动物带来可怕的伤害。以鹌鹑和野鸡为对象的动物实验表明，狄氏剂的毒性是DDT的40～50倍。

　　化学家开发杀虫剂技巧之高妙，早已远远超出我们对其生物学作用机理的认识程度，我们对狄氏剂究竟如何在生物体内贮存、分布、排泄的理解还存在巨大空白。不过，目前已有足够的证据表明，这些毒物可在人体内长期贮存，它们就像休眠的火山一样潜伏着，只有在人体面临生理压力而开始分解脂肪之际才会爆发。我们已经掌握的经验多数都来自世界卫生组织抗疟活动的前车之鉴。在狄氏剂取代DDT作为抗疟药物（因为疟蚊对DDT产生了抗药性）之后没多久，施药工人中毒的案例就开始频频出现，而且情况十分严重——各个项目中少则半数、多则全部工人都出现了肢体震颤的症状，还有几例死亡。有些患者在最后一次接触狄氏剂后，过了四个月之久才开始表现出震颤的症状。

　　艾氏剂是一种比较神秘的物质，人们虽然把它单独列为一种农药，但它与狄氏剂的关系其实非常密切。从施用艾氏剂的田里采来的胡萝卜当中能检测出狄氏剂的残留，而且这种变化不仅发生在生物体组织中，也发生在泥土里。不少化学家都受了误导，因为如果检测人员知道当地施用过艾氏剂，他就会误以为残留的艾氏剂已经全部分解殆尽。但其实残留仍然存在，只不过转化成了狄氏剂而已，得采用不同的检测方法才能发现。

艾氏剂和狄氏剂一样都是高毒农药，会导致肝脏和肾脏的退行性病变。一片阿司匹林大小的艾氏剂药块就足以杀死400多只鹌鹑。医疗文献中也记载了不少人类中毒的案例，多数都是工业用途而导致的。

艾氏剂及同类杀虫剂给未来投下了一片不育的阴影。摄入低于致死量的艾氏剂会导致野鸡产卵量剧降，而且孵出的幼雏都会很快死亡。这一效应也并不限于禽类：接触艾氏剂的大鼠不易怀孕，而且幼鼠患有先天疾病、寿命极短；接触艾氏剂的母狗产下的小崽在三天之内就会死亡。受试动物的幼崽会通过种种方式从母体中获得毒素。目前还没有人知道人类母婴之间是否也存在类似的传递现象，但这种化学毒药却早已由飞机喷洒在城郊和农田的土地之上。

异狄氏剂是所有氯化烃类物质中毒性最高的一种。尽管化学结构与狄氏剂类似，但分子结构的轻微差异让它的毒性直接飙升了5倍，让氯化烃类农药的先祖DDT相形见绌——异狄氏剂对哺乳动物的毒性是DDT的15倍，对鱼类的毒性是后者的30倍，对某些禽类的毒性更高达300倍。

异狄氏剂在投入使用的头十年里毒死了无数鱼类，连牲畜偶然走进喷洒过农药的果园里也会中毒毙命。它也污染了井水，美国不止一个州的卫生部门发布了严厉警告，表示随意施用异狄氏剂会危及人类生命。

异狄氏剂造成的悲惨案例数不胜数，有时喷药的人其实不算漫不经心，相反还采取了在一般人看来比较充足的预防措施，但还是酿成了惨剧。有一对美国夫妇带着他们一岁大的孩子移居委内瑞拉。新房子蟑螂肆虐，所以几天后主人喷洒了异狄氏剂。喷药那天一大早，主人就把婴儿和一条宠物狗带离了房间。上午9点钟开始喷药，喷完药还用水清洗了地板。下午三四点钟，婴儿和狗返回屋里。大概一小时后，宠物狗开始呕吐并陷入抽搐，随后死亡。当晚10点左右，婴儿也开始呕吐，抽搐，失去意识。在遭受异狄氏剂险些致命的打击之后，这个曾经活泼健康的婴儿变成了植物人——看不到，听不见，经常发生肌肉痉挛，对周围环境完全失去了反应。婴儿被送到纽约住院治疗了几个月，但情况没有任何改善，也看不到任何希望。主治医师表示："任何康复的迹象都极度渺茫。"

　　第二大类杀虫剂是有机磷类物质，这是全世界毒性最高的化学品之一。使用有机磷杀虫剂的最大风险就在于，无论是喷药者本人，还是因农药漂移或偶然接触植物叶片残留药膜或废弃药罐的人，都有可能发生急性中毒。佛罗里达州有两个孩子发现了一个空口袋，他们用这个口袋修好了一架秋千。不久这两个孩子都暴病身亡，还有三个玩伴罹患重病。原来那是一个化肥袋，用于贮存一种叫作对硫磷的有机磷杀虫剂，医学检测也确认了孩子的死因正是有机磷中毒。在另一个案例当中，威斯康星州有两个小男孩在同一晚死亡，两人还是堂兄弟关系。其中一个孩子之前正在院子里玩耍，他父亲在旁边的土豆田里喷洒对硫磷，结果农药漂移到了院子里；而另一个小男孩则是尾随自己的父亲跑进了谷仓，用手触摸了药壶的喷嘴。

　　有机磷类杀虫剂的诞生充满讽刺意味。尽管一些化学品（如磷酸酯类物质）多年前已经为人们所知，但直到20世纪30年代，德国化学家格哈德·施拉德[1]才发现了它们的杀虫功效。德国政府立即意识到这些化学物质令人生畏的价值——可作为人类自相残杀的绝妙武器，此类研究也随之被列为绝密。其中的一些化合物被研发成了神经毒气，另一些结构相似的物质则被制成了杀虫剂。

有机磷杀虫剂对生物体的伤害自有一种独特的作用方式：它们能够摧毁那些在生物体内发挥必要功能的酶类。无论作用对象是昆虫还是温血动物，有机磷杀虫剂瞄准的目标都是神经系统。在正常情况下，神经冲动通过一种叫作"乙酰胆碱（Acetylcholine）"的化学递质传导，这种物质是神经系统正常运作的必要物质，在传递冲动之后消失。它的存在如此短暂，除非采用某种特殊手段，否则医学研究者甚至无法在生物体本身分解它们之前对其采样。化学递质的这种转瞬即逝的特性对生物体的正常运作极为重要，如果乙酰胆碱传递了神经冲动之后无法及时分解，这种冲动就会在神经彼此连接之处持续传导，化学家用人为手段造成过类似状态，而且效果更加强烈——整个躯体彻底失调：颤动、肌肉痉挛、抽搐，死亡也随即降临。

不过，生物体早就做好了应对的措施。生物体会分泌一种叫作胆碱酯酶（Cholinesterase）的保护酶类，一旦身体不再需要化学递质，胆碱酯酶就会立即将其破坏，这样就保持了一种精准的平衡，让生物体内的乙酰胆碱水平永远不会累积到一个危险的程度。有机

1　格哈德·施拉德（Gerhard Schrader，1903–1990）：德国化学家，专门发明新的杀虫剂。他偶然发现了神经毒剂沙林（Sarin）和塔崩（Tabun），二者都被联合国列为"大规模杀伤性武器"。

磷杀虫剂会破坏这种保护酶，导致能够分解神经递质的酶量大幅减少，而化学递质不断累积。从作用机理上看，有机磷化合物与从菌类植物毒蝇伞菇（Fly amanita）中提取的一种生物碱类毒药——毒蕈碱（Alkaloid poison muscarine）差不多。

反复接触有机磷化合物将降低生物体内胆碱酯酶的水平，直到达到急性中毒的临界点，一旦超过这个临界点，即使是微量接触也会引发严重的中毒症状。因此，应该对有机磷杀虫剂的施药人员和经常接触此类农药的人员定期进行血液检测，这是生死攸关的大事。

对硫磷是目前应用范围最广的一种有机磷农药，也是杀虫毒力最高、对人畜最为危险的一种。蜜蜂接触对硫磷之后变得"极端焦虑、好斗"，而且表现出疯狂的清洁行为，在半小时内就陷入濒死状态。曾经有一位化学家想以最直观的方式了解对硫磷导致人体急性中毒的剂量是多大，所以吞服了相当于0.00424盎司（约0.12克）的微量药剂。毒性当场发作，让他瞬间陷入瘫痪，甚至无力拿起身旁触手可及的解药，最后不幸身亡。据说对硫磷是芬兰目前很流行的自杀药剂。近些年来，美国加州每年有200多起因疏忽导致的对硫磷中毒事件。在世界各个角落，由对硫磷而导致的人口伤亡率是非常惊人的：1958年，印度发生了100起对硫磷致死的案例，叙利亚则有67起，而日本平均每年有336起对硫磷中毒造成的死亡事件。

然而有超过700万磅[1]对硫磷目前正以人工、机器和飞机喷药等

---

1 磅：英制质量单位，1 磅约 0.4536 千克。

途径喷洒到美国的田野与果园当中。根据某医学机构的估算，仅在加州境内的农场中施放的对硫磷总量就相当于"世界总人口中毒致死量的5～10倍"。

但人类至今尚未因此灭绝，这是因为对硫磷等有机磷类化学物质的分解速度较快，在作物上的残留时间短于氯化烃类农药，不过这个时间还没短到不存在任何风险的程度，有机磷农药仍然可能产生严重乃至致命的后果。在美国加州河滨县（Riverside）的柑橘园中，采橘工人每30个人里就有11人患有严重疾病，但只有一人能够入院治疗。他们的症状就是典型的对硫磷中毒。橘林上一次喷药还是两周半以前，这说明导致工人呕吐、半盲、神志不清等症状的罪魁祸首是16～19天之前的残毒。而毒物残留的时间绝不只有这么短，喷完药一个多月的橘林也会引发类似的不幸事件；而检测还发现，以标准剂量喷药的橘林，过了六个月之后，采下的橘瓣中仍然含有农药残留。

在田地、果林、葡萄园中施用有机磷杀虫剂是极端危险的行为，很可能让所有工人置于险境。美国某些使用有机磷杀虫剂的州甚至设立了专门的实验室以帮助医生诊治农药中毒。甚至医生本人也面临着威胁，除非他们抢救中毒患者的时候永远不忘戴上橡胶手套。同样，给这些中毒患者清洗衣物的女工也会吸收一定剂量的对硫磷，这可能足以影响到她们的健康。

马拉硫磷是另一种为公众所熟知的有机磷农药，知名度堪比DDT，广泛用于园艺、家用杀虫、控蚊以及其他需要地毯式灭虫的场合，例如佛罗里达州用它在近一百万公顷的城镇社区中杀灭地中海实蝇（Mediterranean fruit）。马拉硫磷是有机磷类化学农药中毒性最低的一种，因此许多人想当然地认为这种农药可以随意施用，不必担心会产生什么后果。形形色色的农药广告也在助长这种盲目乐观的态度。

但细细看来，马拉硫磷所谓的"安全性"是经不起推敲的。虽然问题不断发生，但直到这种农药使用了好几年之后，人们才搞清究竟是怎么一回事。马拉硫磷之所以比较"安全"，只是因为哺乳动物的肝脏具有极强的保护功能，可以把它分解成相对无害的物质——肝脏中存在一种能够分解马拉硫磷的酶。但如果这种酶遭到破坏，或者它的正常活动受到干扰，继续接触马拉硫磷的人就会彻底暴露于它的毒性威力之下。

很不幸，这种悲剧很可能降临在每个人头上。几年前，美国食品和药品监督管理局的科学家发现，马拉硫磷与某些有机磷农药同时作用会产生剧烈的中毒反应——比两种物质的毒性单纯累加还要高50倍。换句话说，即使两种化合物的剂量都不到各自致死量的1%，但一旦混合起来就可能致命。

这一发现让科学家开始检测其他化学品混合使用的情况。目前我们已经知道，很多种有机磷杀虫剂都是高危农药，如果混合使用可能导致毒性加剧或者产生"增强作用"[1]，后一种情况可能是由于某种农药损伤了肝脏中能够分解另一种农药的酶，因此两种农药绝不可以同时施放。农药中毒不仅威胁着那些隔周轮换喷洒不同品种的杀虫剂的工人，还可能降临在食用农产品的消费者头上。例

1　增强作用（potentiation）是一个药理学概念，表示"一种药物单独使用没有效果，但可以增加其他药物的治疗效果"，达到 1+1>2 的目的。作者借用这个概念来说明农药混用也可能导致毒性"凭空产生"。

如，一份平平常常的蔬菜或水果沙拉就很可能含有两种以上的有机磷杀虫剂。即使残留量完全符合法定标准，两种农药也可能彼此发生反应。

目前，人们对化学品相互作用可能造成的危险仍然所知甚少，但各个科研机构陆续公布的研究结论已经令人坐立不安。其中一项研究表明，配制有机磷农药时加入的某些不必要的辅剂成分可能会加剧毒性。例如，添加某种塑化剂而让马拉硫磷毒性提升的幅度可能比添加另一种杀虫剂还要高。背后的原理也是一样的，因为塑化剂阻碍了肝脏酶类分解毒物的正常功能。

那么人类日常生存环境中的其他化学物质会不会引发类似的反应——尤其是各种药物？人类在这个领域的了解才刚刚起步，但人们已经知道某些有机磷农药（对硫磷与马拉硫磷）会增加肌肉松弛剂的毒性，另外几种药物（其中又包括马拉硫磷）会显著延长巴比妥类药物造成的睡眠时间。

在希腊神话中，女巫美狄亚的丈夫伊阿宋移情别恋，她在愤怒之下送给丈夫的新欢一条有魔力的袍子，后者穿上这件袍子之后立即暴毙身亡。这种通过间接接触而致死的能力如今已经可以通过"内吸杀虫剂（systemic insecticide）"来实现。内吸杀虫剂拥有一种特殊的性质，能够让动植物本身产生毒性，成为一件美狄亚的"魔袍"。这是为了杀灭任何接触过这些动植物的昆虫，尤其是以吸血或吸取植物汁液为食的寄生性害虫。

内吸杀虫剂的世界极其怪异，超越了格林童话中的想象——或许与查理·亚当斯[1]的卡通世界有些相似。这个世界中没有童话式的魔法森林，只有一处处有毒的密林，昆虫哪怕啮食了一片叶子，或者从植物茎叶中啜吸了一滴汁液，都会必死无疑；跳蚤在狗身上叮咬了一口就会死去，因为狗的血液已经有了毒性；甚至连那些没有真正接触到植物的昆虫也无法幸存，因为它吸入了植物蒸腾作用挥发的气雾；蜜蜂很可能采携有毒的花蜜回到蜂房，最终酿出带毒的蜂蜜。

昆虫学家是在应用昆虫学研究的启发下提出了内吸杀虫剂的设想，最初是一些田间工人从大自然中得到了启示，他们发现，从含有五水亚硒酸钠的土壤中长出的小麦植株竟然对蚜虫和叶螨免疫。硒是一种自然合成的元素，少量分布于世界各地的岩石和泥土当中，因此它也成为人类发现的第一种内吸杀虫剂。

具有内吸性质的杀虫剂可以渗入植物的一切组织，使动植物本身带有毒性。某些氯化烃类和有机磷类农药都具有这种性质，这些都是人工合成的物质，此外也有一些自然界中本来即存在的物质。然而，在实践中，内吸杀虫剂大多属于有机磷类农药，因为这一类化学物质的残留问题相对不那么严重。

内吸杀虫剂还会以其他更迂回的方式发挥作用。用内吸剂处理种子的时候，不论以浸泡还是包衣的方式，药剂都会与碳分子结合，让随后几代植物长出的幼苗都会对蚜虫以及其他吮吸性害虫表现出毒性。有时人们用这种方式防治豌豆、蚕豆、甜菜等植物的害虫。加利福尼亚一些农场曾经一度播种了经过内吸剂包衣的棉花

1　查理·亚当斯（Charles Addams, 1912-1988）：美国著名卡通漫画家，作品中充满黑色幽默和令人毛骨悚然的角色，代表作是漫画《阿达一族》。

种子，1959年，加州圣华金县（San Joaquin）的25名棉花工突然患病，就是因为接触了浸过农药的种子包。

英国曾有人做了一项实验，研究蜜蜂从经过内吸剂处理过的植株上收集花蜜会产生什么后果。实验在一处喷洒了八甲磷（schradan）农药的区域中展开，尽管施药时间早在花期之前，但人们发现开花之后的花蜜中含有毒素。所以果然不出所料，最后酿出的蜂蜜也受到了八甲磷的污染。

动物性内吸剂主要用于防控牛蜱，这种寄生虫会给畜群带来严重伤害。如果想让动物的血液和组织中含有足量的杀虫剂，但又不让家畜产生致命的中毒症状，那么药量拿捏必须非常仔细才行，才能取得微妙的平衡。政府机构的兽医发现，反复摄入小剂量农药会让牲畜体内的保护性酶类——胆碱酯酶的分泌越来越少，直至耗竭，此后哪怕再摄入极小剂量的农药也会毫无预兆地爆发中毒反应。

现在有很多迹象都表明，动物内吸剂已经逐步应用于人们的日常生活。比如现在有一种为宠物狗开发的口服药，据说服下之后狗的血液会产生毒性，从此再也不生跳蚤。但显而易见，大牲畜用药的风险宠物狗也无法避免。目前还没有人提出要研发一种防止人类被蚊虫叮咬的内吸剂，但没准这就是接下来的研究方向。

本章我们一直在讨论人类与昆虫的战争中使用的各种致命化学物质。那么，人类对杂草的战争中使用的又是哪些武器？

人类渴望一劳永逸地杀灭杂草，由此推动了除草剂的不断研发，目前也有层出不穷的新品种面世。关于这些化学物质的使用（或滥用）情况，我们会在第六章详述。在这里我们主要讨论这些除草剂有没有毒性，除草剂泛滥会不会让环境的毒性越来越高？

有传言说，除草剂只对植物有毒，对动物无害，可惜这种说法并不属实。除草剂是一个统称，代表各种各样作用于植物和动物组织的化学农药。这些农药的作用机理各不相同：一些物质只是普通的毒剂；一些物质可以强烈刺激新陈代谢的速率，引起生物体体温骤升而死亡；一些物质单独使用或与其他药品共同作用会引发恶性肿瘤；还有一些物质可以引发基因突变，破坏某一物种的遗传物质。因此，就像杀虫剂一样，除草剂也包括某些极度危险的化学品，如果人们误信了除草剂无毒的论调而毫无节制地加以滥用，就必定会酿成灾难。

尽管实验室里一直在源源不断地开发新药剂，但砷类化合物的应用范围仍然极广，通常以亚砷酸钠的形式使用，既可以杀虫，又可以除草。这些药剂的使用历史令人心惊胆战：道旁喷洒的砷化物曾经杀死了不少农户的奶牛和数不胜数的野生动物；施放于湖泊和水库之中杀灭水草的砷化物不但让公共水体不再适合饮用，人们甚至都不能下水游泳；施放于马铃薯田中清除马铃薯茎叶的砷类除草剂也夺走过人类和其他生物的性命。

1951年左右，英国常用于清除马铃薯茎叶的硫酸出现了供应短缺，此后除草剂在当地才得到了长足的发展。英国农业部觉得有必要警告人们不要进入喷洒过砷化物农药的田地，但牲畜可不理会什么警告（野生动物和飞禽当然也看不懂警告），所以牲畜的砷中毒案例频频出现。而当一名农妇饮用了被含砷农药污染的水源而中毒之后，当时（1959年）英国的一家化工巨头停止了含砷农药的生产，并开始从经销商手中召回产品，随后英国农业部宣布将对砷化物进行严格管控，因为这种物质导致人畜中毒的风险极高。1961年，澳大利亚政府也颁布了类似禁令。不过美国却从来没有针对这些毒物颁布过禁令。

某些二硝基化合物也用于除草，这类化合物被美国列为同类除草剂中最危险的一种。二硝基苯酚（Dinitrophenol）能够强烈促进新陈代谢，一度用于减肥。但有减肥效果的剂量与引发中毒乃至死亡的剂量只有一线之隔，在造成几名病人身亡、很多人遭受了永久性损伤之后，这种药物的研制才终于被叫停。

与之相关的另一种化学药剂五氯酚（Pentachlorophenol，PCP）也可用于铁轨沿线及工业废弃用地的除草和杀虫。五氯酚对各种有机生命体都具有极高的毒性——无论是简单的细菌还是复杂的人体，它像二硝基类药物一样能够扰乱生物体产生能量的源头，让生物体从内部"自焚"，后果通常足以致命。美国加州卫生部近日通报的一起死亡事件就展现了这种化学品令人生畏的威力：一名油罐车司机想以五氯酚溶入柴油来制备一种棉花脱叶剂，他从农药箱中汲出高浓度农药的时候，龙头栓突然缩了进去，于是他徒手伸进药箱把龙头栓拿了出来。尽管他立即冲洗了双手，但仍然发生了急性中毒，并于次日死亡。

亚砷酸钠或酚类农药等除草剂的危害显而易见，而另外一些除草剂的影响则是潜伏性的。举例来说，目前著名的蔓越莓除草剂氨基三唑（Aminotriazole）虽然被定性为低毒农药，但长期来看，它诱发野生动物与人类恶性甲状腺肿瘤的可能性极高。

有一些除草剂被列为"致突变物（mutagen）"，也即能够导致遗传物质发生改变的物质。既然辐射诱发的基因突变令我们恐慌不已，那么我们又怎么能对充斥于自然环境中的化学致突变物无动于衷？

第四章

地表水与地下水

　　如今，水源已经成为人类最宝贵的自然资源。虽然地球表面绝大部分覆盖着海洋，但被海水环绕着的人类仍然缺乏水源，这真是个奇怪的悖论。事实上，虽然地球上水量丰沛，但绝大部分水源都含有大量海盐，无法直接饮用，也不能用于工农业生产，因而全球绝大部分人口都面临着水源短缺的威胁，甚至已经在缺水的煎熬中挣扎。如今人类早已忘记自己的起源，连自己最基本的生存需要都视而不见，所以水源以及种种自然资源都因人类的漠视而深受其害。

　　杀虫剂对水源的污染问题只有放在一个更大的背景下才能理解，也就是人类对自然环境的整体污染。水体污染物的源头有很多，包括核反应堆、实验室和医院排放的放射性废料、核爆炸产生的辐射微尘、城镇家庭垃圾、工厂化学废料等，此外还有一种新生的粉尘污染物——用于田块、花园、林场与原野之中的化学喷雾。这一盘污染物的"大杂烩"令人心惊胆战，因为其中很多物质都与辐射微尘有着同样的危害，甚至能够加剧这些微尘的致病效力。而化学品彼此之间也会发生未知但相当危险的化学反应，导致负面效果彼此叠加。

自从化学家开始合成大自然中不曾存在的新物质，清洁水源就变成了一件越发复杂的事情，使用水源的风险日渐增加。我们知道，人类大规模合成人工化学品是从20世纪40年代才开始，但如今污染物的泛滥已经到了令人惊骇的程度，每天都有大量化学污染物排入河流中，当它们与家庭垃圾等废物混合一体、汇入同一片水域，净水厂用一般的分析手段根本无法检测出来。大多数化学物质的性质都很稳定，无法用常规处理手段分解，而且甚至常常无法鉴别。河流当中那些千奇百怪的污染物已经与沉积物结合成一体，让卫生工程专家一筹莫展，只能把它们统统归类为"秽物"。麻省理工学院的洛夫·艾拉森（Rolf Eliassen）教授在美国国会委员会做证时表示，目前没有任何办法预测这些化学物质混合之后会发生哪些化学反应，也无法鉴别混合物中的有机成分。他说："这些物质究竟是什么，现在我们没有一丁点头绪。至于它对人体有什么影响就更不知道了。"

目前，杀灭昆虫、啮齿动物和杂草的化学农药层出不穷，极大地助长了有机污染物的产生。有些药剂是为了杀灭水生植物、昆虫幼虫或杂鱼而故意施放到水体当中的，有一些则是森林喷药造成的——有时人类只为了杀灭区区一种昆虫，就向某个州的两三百亩森林统统喷了杀虫剂。药液可能直接进入溪流，也可能从繁茂的树冠上慢慢渗下去，滴入枯枝落叶层，随后进入地下渗流，开始向海洋流动的漫漫征程。这些污染物的主体很可能是上百万磅农药的水溶性残留成分，这些农药原本用来杀灭农田里的昆虫或啮齿类动物，但被雨水从泥土中滤出来，溶入了流向海洋的广大水体之中。

我们在河流和公共供水系统中都能找到这些化学物质存在的证据。例如，科学家从宾夕法尼亚州一处果园采集了饮用水样品，并在实验室里以鱼作为对象进行测试，发现水体中的杀虫剂浓度之高，足以在短短四小时之内杀死水中所有受试鱼类。从喷过农药的棉花田中流出的污水即使经过了净水厂的处理，仍然对鱼类有着致命的毒力。亚拉巴马州田纳西河的15条支流因为从喷过毒杀芬杀虫剂（一种氯化烃类农药）的田块中流过，所以水中的鱼类死亡殆尽，而其中两条支流还是当地市政供水的源头。更有甚者，喷完杀虫剂过后已经一个星期了，下游悬笼里的金鱼每天还是会死亡，这显然说明河水的毒性仍然没有散去。

这些污染大部分情况下都是无形的，只有在成百上千条鱼突然暴毙之后，人们才察觉到污染的存在，但大部分污染从来没有被人类发现。就连负责保证水质纯净的化学家也不会对这些有机污染物进行常规测试，更没有任何有效手段能够去除这些物质。但无论是否被人类发现，杀虫剂总是客观存在的，就像任何一种大规模应用于地表的物质一样，它们现在也渐渐渗入了全美大部分主干水系之中，很可能让所有水体都受到污染。

觉得情况没有这么危急的人，不妨研读一下美国鱼类及野生动物管理局在1960年发布的一份简短报告。为了考察鱼类是否也会像温血动物一样在体内贮存杀虫剂，管理局开展了几项研究。第一批样本采自美国西部的林区，那里为了控制云杉卷叶蛾曾经大规模喷洒过DDT，可以想见，所有鱼类样本的体内都含有DDT。不过，当调查人员在距离喷药地点30英里[1]外的一条偏远河流中采集了对照样本之后，他们得到了一项非同寻常的发现。这条小河位于第一次采样水域的上游，中间隔着一条瀑布，而且这里并没有喷过农药，但这一批鱼类的体内竟然也检测出了DDT。这些农药是由地下潜流渗透到那条偏远的小溪，还是由空气传播、以粉尘的形式飘落到溪水表面？另一项对照研究还在某处养鱼场的养殖鱼类体内发现了DDT，但养鱼场的水源只来自一口深井，而且当地没有喷洒农药的记录，所以唯一可能的污染途径似乎就是地下水。

　　水污染问题中最令人不安的一点，就在于广泛分布的地下水会受到污染。想在任何一处水源中加入杀虫剂但又不危及别处的纯净水源，这简直是天方夜谭。大自然向来浑然一体，没有封闭和阻隔，在整个地球的供水问题上也不例外。雨水落在地面上，从土壤和岩石的气孔与缝隙间越渗越深，最后抵达一个所有岩石的气孔都充满水源的区域。这是一片黑暗的地下海洋，随着高山与低谷的走势而起伏。地下水一直流动，有时速度极为缓慢，一年流不过50英尺[2]；有时又极为迅速，一天几乎能流过十分之一英里。它流动在人们看不见的地下水道中，在某处涌出地表成为泉水，有时还会流到掘出的井里，但大多数情况下它会流入小溪、汇入河流。除了直接进入河道的雨水或者地表径流，地表奔腾着的一切水体都曾是地下水。所以从这个角度来看，地下水受到污染就意味着所有水体都受到了污染，这就是水污染问题令人惊骇不已的真相。

1　英里：英制长度单位，1英里约1609.34米。

2　英尺：英制长度单位，1英尺约0.3048米。

化学毒物必定是通过这一片黑暗的地下海域，从科罗拉多的农药厂转移到几英里之外的耕作区，让井水变成了毒液，让人畜患病、庄稼减产——但这些景象不过是随后一连串灾祸的开端。简单来讲，事情的经过是这样的：1943年，丹佛市（Denver）附近的落基山军工厂开始生产用于战争的化学材料；八年后，军工厂把设施租给了一家生产杀虫剂的石油公司，但即使在生产业务变更之前，一些令人费解的怪现象就已经出现了。离军工厂几英里之外的农民抱怨圈养的家畜纷纷得了怪病，而且作物大面积枯萎，庄稼叶片枯黄、无法成熟，很多甚至直接死亡。当地还有多例人类患病的报告，有些人觉得也与上述异象有关。

这些农场的灌溉水都是从浅井中汲取的。1959年，美国多个州以及联邦机构合作开展了一项调查，发现当地的井水中含有多种化学物质。落基山军工厂运营多年，一直在往封闭性的废水池中排放氯化物、氯酸盐、磷酸盐、氟化物和砷类物等千奇百怪的化学物质，显然从军工厂到农田之间的地下水都受到了污染，这些废料用了七八年时间才从地下慢慢转移到了3英里外的农场，而且被污染的渗流还在向着更远的地区继续扩散，最终会污染多大的范围，我们不得而知。调查员对此束手无策，找不到任何办法能消除这种污染，或者让污染不再扩散。

这已经够糟了，但最令人迷惑不解的一点就在于某些水井以及军工厂的污水池中检测出了除草剂2,4-D。从长远来看，这个现象可能是整个连环谜案最显著的特征。这种化学物质足以解释为何附近汲水灌溉的农田出现了庄稼死亡的现象，但奇怪的是，军工厂这么多年从来没有生产过2,4-D。

经过长期而细致的调查研究，军工厂的化学家终于得出了一个结论：2,4-D是在开阔盆地中自发合成的。军工厂排放的其他废弃物在空气、水和阳光的作用下自然合成了这种物质，完全不经过人力干涉——也就是说，军工厂的污水池变成了合成新化学物质的实验室，而这种新产物对接触到的大部分植物都能产生致命的伤害。

因此科罗拉多州这些农场和作物的不幸遭遇所具备的意义已经远远超出了一起当地事故。那么，在科罗拉多以外的地方，化学污染又有哪些进入公共水体的渠道？在到处可见的湖水和溪流之中，那些被打上"无害"标签的化学品，在空气和阳光的催化下，又会生成何种危险的新物质？

事实上，这就是化学物质污染水源最令人不安的原因，无论是河流、湖泊、水库，还是餐桌上的一杯水，都含有千奇百怪的化学物质——任何有责任感的化学家都不会在实验室里随意合成的物质。美国公共卫生部对这些化学物质自由混合之后的化学反应深感警惕，而且担心相对无害的化学物质可能会自发合成有害成分，何况这种化学反应的规模相当大。这些化学反应可能在化学物质之间发生，也可能在化学物质和辐射性废料之间发生。目前直接排入河流的辐射性废料越来越多，而电离辐射极易导致化学物质的原子重排，从而发生变性。这种变化无法预料，更无法控制。

当然，被污染的不只是地下水，还包括溪流、河水、灌溉水等流经地表的水体。灌溉水的问题似乎日益严重，不妨参看美国加利福尼亚州的图利湖（Tule Lake）以及下克拉玛斯（Lower Klamath）两个国家野生动物保护区的遭遇。这两处保护区与俄勒冈州边界处的克拉玛斯湖保护区构成了一个整体。也许是命运的安排让这几处保护区共享一处水源，因此它们才遭遇了同样的灾祸。两处保护区像大洋中的小岛一样被广袤的农田环绕着，这里曾经是一片沼泽与露天水域，是水鸟的天堂，后来经过排水工程和河道疏浚才改造成了农田。

保护区周围的农场目前都在从上克拉玛斯湖（Upper Klamath Lake）汲取灌溉水，灌溉水会汇集排回到上克拉玛斯湖里，随后再流淌到下克拉玛斯湖当中。贯穿于这几处野生动物保护区的水系都是这两大水体的支流，因此全部遭到了农田废水的污染。大家请牢记这个事实，它与最近发生的种种不幸密切相关。

1950年夏天，保护区的工作人员在图利湖以及下克拉玛斯湖周边拾到了成百上千只已经死亡或濒临死亡的鸟儿，多数都是捕鱼为食的苍鹭、鹈鹕、鸥鸟等等。这些鸟儿体内都含有杀虫剂残留，经检测为毒杀酚、DDD和DDE。同时，从这几处湖区捕捞的鱼类和浮游生物体内也检测出了杀虫剂。保护区的负责人认为，周边农田喷洒杀虫剂之后，被污染的灌溉水回流到了保护区当中，于是化学毒物就在保护区水体之中不断累积。

水源是保护区最核心的资源，有了水源，西部地区的猎鸭人才会有充足的猎物，那些珍视夜空中飞翔的水禽、喜欢观赏缤纷的花羽、聆听清脆的啼叫的人们才会收获由衷的欢喜，但现在这些水源却受到了污染。这几处保护区是美国西部水禽保护的重要区域，位置相当于漏斗的狭颈——无数候鸟的迁徙路径在这里汇聚，构成了太平洋迁飞区。秋季候鸟迁徙之际，这里将迎来数百万只野鸭和野鹅，这些水禽的筑巢地从白令海峡东岸一直分布到哈得孙湾（Hudson Bay），数量相当于秋季南飞至太平洋海岸避冬的水禽总数的四分之三。时至夏天，这几处保护区又为各种水禽，尤其是两种濒危鸟类红头鸭和棕硬尾鸭，提供了栖息地。如果这些保护区的湖泊与池塘遭到严重污染，那么远东地区的水禽数量将受到不可挽回的伤害。

从水中浮游植物那细小如微尘一般的绿细胞开始，到微小的水蚤，再到鱼类和以这些鱼类为食的其他大鱼、飞鸟、水貂、浣熊等生物，它们构成了生物界物质转化的无限循环，而水是整个循环链条的存在基础，所以我们应当从这个角度来思考问题。我们知道，水中含有的对生物体必不可少的矿物质可以沿着食物链向上传递，那么我们能否假定，人类排放到水体中的有毒物质也会进入这种自然循环？

答案可以从加利福尼亚州清水湖（Clear Lake）的一段骇人的历史当中觅得。清水湖位于旧金山以北90英里的山区之中，一直以垂钓胜地而闻名遐迩。但清水湖这个名字名不副实，因为浅浅的湖底积满了黑色的淤泥，湖水很浑浊。对渔人以及度假的游客来说，最糟糕的问题在于这片湖区也是一种小型蚋类昆虫理想的栖息地。这种蚋虫与蚊子类似，但并不吸血，而且很可能根本不会叮咬人类。可是，住在飞虫栖居地的人类觉得它们数量太多，让人心烦意乱。为了控制蚋虫的数量，人类做过很多努力，但效果不佳，直到20世纪40年代氯化烃类杀虫剂诞生之后，人们才找到了一种攻击蚋虫的新武器——DDD，这是一种与DDT有密切亲缘关系的物质，但对鱼类的威胁性明显更低。

新一轮防治行动实施于1949年，事先经过了仔细的筹划，首先对湖泊展开勘测，精确掌握了水体规模，而使用的杀虫剂又少之又少，溶入水体之后的浓度不过七千万分之一（约0.014 ppm），所以人们觉得万无一失。一开始的控制效果很好，但到了1954年就不得不返工，这一次采用了五千万分之一（0.02 ppm）的浓度，人们都以为蚋虫这一次肯定被全部歼灭了。

随后就入了冬，就在这几个月里，其他生命受到影响的迹象慢慢浮现：栖息在清水湖边的北美䴙䴘（Western grebe）纷纷死亡，数量很快就超过了100只。北美䴙䴘是在清水湖一带繁殖的鸟类，每年都会被湖里大量的鱼类吸引而来在这里过冬。这些外表迷人、举止优雅的鸟儿会在美国西部和加拿大的浅水湖中筑起浮动的巢。它并不是平白无故就得了"天鹅䴙䴘"的美称——它在静静滑过湖面之际甚至不会留下一丝涟漪，它的身体低伏下去，而白色的颈和闪亮的黑色头颅却高高昂起。刚孵出的小䴙䴘身上覆着柔软的灰色绒毛，几个小时之后就可以下水，它们会乘在爸爸妈妈的背上，蜷缩在双亲翅膀的柔软羽毛之下。

1957年，为了消灭卷土重来的蚋虫，人们又开展了第三次化学攻击，结果更多的䴙䴘死于非命，而且死状与1954年如出一辙，人们仔细检查了鸟尸，还是没有发现任何传染病的迹象。当人们最终想到了检测䴙䴘的脂肪组织之后，发现其中浸透了DDD，浓度高达1600 ppm。

可是水体中的杀虫剂浓度最高不过0.02 ppm，这些化学物质怎么会在䴙䴘体内累积到如此惊人的浓度？䴙䴘自然以鱼类为食，于是，当人们检视了清水湖中的鱼类，真相慢慢浮出水面——毒素首先被体形最小的有机生物摄取，然后逐渐汇集传递到更大的捕食者体内。浮游生物体内含有5 ppm的杀虫剂（大约是水体本身杀虫剂最高浓度的25倍）；植食性鱼类体内的累积量更高一些，浓度从40到300 ppm不等；而肉食性鱼类体内贮存的毒药是最多的，一只云斑鮰体内累积的杀虫剂浓度竟然达到了惊人的2500 ppm。这就像童谣《杰克建的房子》[1]描绘的情景一样：大型食肉动物吃掉小型食肉动物，小型食肉动物吃掉食草鱼类，食草鱼类又去吞食浮游生物，而浮游生物从水中吸收了毒素。

后来的发现更加惊人。在最后一次施放化学农药之后没多久，湖里就再也检测不出DDD的存在了。但这些毒物并没有离开这片湖泊，而是藏身于这片湖泊承载的生物群体的肌理之中。在施药后的第23个月，人们发现湖里的浮游植物体内仍然含有5.3 ppm的毒药。在近两年的时间里，一代一代浮游植物相继盛开又凋亡，有毒物质就在这些浮游植物体内代代传递，而且，毒物还侵蚀了生活在湖周边的动物。在施药一年之后，仍然能在所有鱼、鸟、蛙类的体内检测出DDD残留，而且它们的肌肉组织中化学毒素的浓度相当于水体中原始浓度的好几倍。这些携带着毒素的生物甚至包括在最后一次施放完DDD后9个月后才孵出的鱼类、鸊鷉和加州鸥，它们体内的农药浓度超过2000 ppm。同时，在湖中营巢的鸊鷉数量也锐减下去——首次施放杀虫剂之前原本有1000多对鸊鷉，而到了1960年只剩30对左右。而这30对鸊鷉似乎也没有筑巢的必要了，因为自最后一次施药以来，湖上就再也看不见任何小鸊鷉的身影了。

整个连环中毒反应的第一环似乎就是微小的浮游植物，它们必然是毒质富集的起点。但食物链的最后一环——人类，也许对此事

1　《杰克建的房子》是一首著名的英国童谣，以一种连环嵌套的方式讲述了大动物吃掉小动物的一连串故事。

的后果一无所知，他们只是带着渔具到清水湖中钓鱼，然后回家烹制晚餐。一次性大剂量摄入DDD，或者长期反复小剂量摄入DDD（这是更常见的情况）会对人类产生怎样的影响？

尽管加州公共卫生部公开宣称这些行为没有风险，但在1959年却要求停止在湖中施放DDD。科学研究发现这种化学物质具有极高的生物活性，因此加州卫生部颁布的这条禁令显然可以视为一种最低限度的安全措施。DDD的生理效应在杀虫剂当中可谓独一无二，它能够给肾上腺造成部分损伤，也即对分泌肾上腺皮质激素的外层细胞造成破坏。人们在1948年就认识到了DDD的这种破坏作用，起初人们认为只有狗会受到影响，因为其他实验动物如猴、小白鼠或兔类并没有发病。不过有些科学家仍然心存疑虑，因为狗的症状与患有艾迪生病（又称原发性肾上腺皮质功能减退症）的人的症状十分相似，后来的研究终于证明DDD对人类肾上腺皮质功能具有强烈抑制作用。由于DDD具有这种摧毁肾上腺素皮质细胞的能力，如今已经用于临床治疗一种罕见的肾上腺癌症。

清水湖的状况向所有民众提出了一个问题：使用生物活性如此之高的化学物质防控昆虫，尤其是还要把它直接排入水域，这种做法是否明智，是否可取？事实上，以低浓度施放杀虫剂的行为毫无意义，因为毒素终究会沿着湖中的天然食物链爆发性地汇集增长下去。清水湖的情况很有代表性，它揭示了一个越来越普遍的现象：人们往往为了解决眼前的小问题而采取不恰当的方法，最终引发了更严重的大问题，但只是因为这种大问题并不直观可见，所以人们觉得无所谓。的确，我们除掉了烦人的蚋虫，但此后所有从湖中获取食材或饮用水的人类都面临着威胁，人们对这种危险心知肚明而又心照不宣，而且至今没有人说得清这种威胁到底有多严重。

目前，美国各地有意将有毒物质引入水库已成为司空见惯的行为。这么做一般是为了清理一下水体，便于水库开展娱乐活动，但随后必须经过大费周章的处理，才能再度作为饮用水来使用。美国某地有一些户外运动爱好者想在当地水库中"推动"钓鱼娱乐活动，在他们的影响下，当局向水库中倾泻了大量毒物，以杀灭不适合垂钓的鱼类，又从养鱼场引入了不少符合钓客口味的鱼类。整件事都荒谬异常，难以理解，让人恍惚以为所处并非人间。因为修建这座水库本来只是为了公共供水，但这些户外爱好者很可能完全没有咨询本地居民的意见，就开始往水库里投放毒物，于是居民们被迫饮用残留着毒素的水源，还要用交上的税款负担随后的净水费用——而且净水的过程绝对不会万无一失，谁也不知道还会再出什么岔子。

既然地下水和地表水都受到了杀虫剂以及其他各种化学物质的污染，那么自然也存在着另一种风险——致癌物质可能也渗入了各地的公共供水系统。美国国家癌症研究所的休珀博士已经提出了警告："在可以预见的未来，饮用受污染水源而引发的致癌风险将显著增高。"实际上，荷兰在20世纪50年代开展的一项研究已经证明受污染的水道可能带来致癌的风险。城市居民的饮用水一般来自河流，所以他们的患癌致死率远远高于饮用井水或者其他水源的人群，这是因为井水受毒物污染的可能性一般低于河水。人们如今越发肯定，自然界中存在的砷类物质是致癌的罪魁祸首。被砷污染的水源会大面积引发癌症，这在历史上已经有过两个先例。第一个例子中的砷是从采矿业堆积的矿渣中析出的，另一例则来自含砷量天然较高的岩石。如果人类继续大量使用砷类杀虫剂，那么随时有可能重蹈覆辙。以上几个地区的土壤也有了毒性，而雨水会把土壤中的砷类物滤进溪流、江河、水库以及由地下水网组成的浩瀚无垠的黑暗海洋。

这一切又一次警醒了我们：大自然浑然一体，没有任何事物是孤立存在的。为了更透彻地理解人类究竟如何污染了这个世界，我们必须审视地球上的另一大资源：土壤。

第五章

土壤王国

　　一层薄薄的土壤覆盖在大陆表面，主宰了人类以及其他陆生动物的生存。如果没有土壤的存在，我们熟知的陆生植物将无法生长，如果没有植物，一切动物也将无法生存。

　　如果说，以农业为基础的人类需要依赖土壤才能延续下去，那么我们也可以认为：土壤的存在同样也有赖于生物的贡献。土壤如何形成、如何保持它的天然特性，都与栖于其上的动植物息息相关。在一定程度上，土壤是生命体的创造，它是生命体与无生命的自然环境在亘古至今的漫长岁月里不断互动而产生的神奇结果：火山喷发出炽热的烟尘、流水不断冲击着裸露于地表的岩石，甚至侵蚀了最坚硬的花岗岩、冰霜如尖锐的刻刀，让岩石分崩离析——土壤的母质层就这样累积起来，然后，生命体以创造性的魔力把这些惰性物质一点点变成了土壤。地衣是岩石的第一层外衣，它们可以分泌酸性物质促进岩石的解体，同时也为其他生命提供了栖息之处。苔藓会生长于原始土壤的微小空隙之中——由粉碎的地衣、小昆虫蜕下的外皮以及起源于海中的陆生动物群落的粪便组成的土壤。

生命创造了土壤，土壤中也生存着千奇百怪的生物——如果没有这些生物，土壤就会死气沉沉、寸草不生。正是因为土壤中无数有机生物的存在和活动，地球才会被植被覆盖，成为一颗绿意盎然的星球。

土壤时刻参与着各种无休无止的循环，因此它的状态也处于不断变化之中。岩石分解、有机质腐败、氮气和其他气体随降雨从空中落下，不断为土壤增添着新的物质。同时，土壤中的另外一些物质也在不断流失，被生物暂时借走。土壤中一刻不停地发生着细微但重要的化学反应，将大气与水中的各种元素转化成有利于植物吸收的物质形态，这一切变化都有生物体的积极参与。

再没有什么比探索土壤这片生机勃勃的黑暗国度的奥秘更引人入胜了，但这种研究被忽视的程度也是无比惊人的。我们对土壤生物彼此间的关系、它们与土壤环境和土壤之上的整个世界的关系都了解得太肤浅了。

最关键的土壤生命或许是那些尺寸最微小的生物——那些肉眼不可见的细菌以及丝状的真菌。统计发现，土壤中的生物数量堪比天文数字，一茶匙的表层土壤也许就蕴含了数以十亿计的细菌。虽然细菌的尺寸极小，但在一片肥沃的田野当中，深度一英尺、方圆一英亩[1]的表层土壤中的细菌总重量可能高达1000磅。放线菌是一种细长的丝状真菌，总数量虽然比细菌要少一些，但尺寸较大，所以在每单位泥土中的总重量可能与细菌相差无几。此外还有一些被我们称为"藻类生物"的小绿细胞，它们与真菌共同构成了土壤中

1　英亩：英制地积单位，1英亩约4046.86平方米。

的微生植物群。

细菌、真菌和藻类生物是促进动植物残骸腐败分解成基本元素的主要因子，如果没有这些微生植物，那么碳、氮等各种化学元素就不可能在土壤、空气和生物体组织中构成循环。举例来说，如果土壤中没有固氮细菌，那么植物就会因缺乏氮素而枯萎，就算植物时刻都被大气中丰沛的氮元素所包围也无济于事；还有一些生物能产生二氧化碳并形成碳酸，有助于岩石的分解；另外一些土壤微生物可以发挥各种各样的氧化和还原作用，把铁、锰、硫等各类矿物质元素转化成适合植物吸收的物质。

此外，土壤中还存在着微小的螨虫和原始的无翅昆虫——弹尾虫（Springtail），数量同样惊人。尽管它们的体形非常小，但在分解植物残骸的过程中起到了重要作用，有助于将覆盖于森林地面的枯枝落叶慢慢转化成土壤。有些微小生物发挥特定功能的能力强到令人难以置信。例如有几种螨虫在发育初期，只能在云杉树凋落的针叶之中生存，它们会将针叶内部组织全部消化掉，当这些螨虫完成生育后，针叶就只剩下一层空空的外壳了。而在分解每年海量的森林落叶时，土壤和森林枯枝落叶层中那些小型昆虫的工作才真让人瞠目结舌：它们能把落叶慢慢软化并最终消化下去，促进腐殖质与表层土壤逐渐融为一体。

除了这些体形微小但辛劳不辍的小生命之外，土壤中当然还生存着一些体形更大的生物，因为土壤生命包括从细菌到哺乳动物的一切物种：有些永远居住在表土层之下的黑暗里，有些只在生命周期的某一段时间生活在地下洞穴中或者在那里冬眠，还有一些生物可以在地下洞穴与地上世界自由穿梭。总之，这些土壤居民的作用就是让空气进入土壤，并促进水分在植物生长层中的排放和渗透。

蚯蚓也许是体形较大的土壤生物中最重要的一种。1881年，达尔文出版了《腐殖土的产生与蚯蚓的作用》（*The Formation of Vegetable Mould, through the Action of Worms*）一书，让世界第一次了解到蚯蚓作为"地质作用因子"在运送泥土方面的意义。书中描绘了这样一幅景象：地表岩石慢慢被蚯蚓翻起的颗粒细腻的土壤覆盖，在某些环境适宜的地方，蚯蚓每年能把好几吨土壤送到地表；同时，蚯蚓会把落叶和草叶中含有的大量有机物（每平方米植物在6个月中可生成多达20磅有机物）拖入洞穴，与泥土融为一体。据达尔文估算，在蚯蚓的辛勤劳作之下，只需10年，一英尺厚的土壤就能增厚到一英尺半。而蚯蚓的贡献绝不仅于此：它们在土中打洞，让土壤疏松透气、具有良好的排水能力，让植物的根须更容易穿透土壤；蚯蚓还能加强土壤细菌的硝化作用，减缓土壤的腐败；蚯蚓的消化道可以分解土壤中的有机质，而且排泄物能让土壤更加肥沃。

这些彼此交织的生命网构成了一个完整的土壤生物群落——生命依赖土壤而生存，但只有土壤中的生物群落繁荣兴旺，土壤才能发挥支持地球生命生生不息的重要作用。

而我们要关注的是一个很少有人思考的问题：不管化学农药是作为土壤"消毒剂"而直接施放到土壤中的，还是被雨水从森林树冠和果园农田中淋滤下来的——进入土壤的毒物会对这些数量庞大而意义重大的生物群落产生什么影响？我们不妨假设存在这样一种广谱杀虫剂，它能在幼虫的地下穴居阶段杀灭作物害虫，但不危害

中文分级阅读九年级导读

亲爱的家长朋友:

您好! 您打开的是中文分级阅读九年级图书。也许您纯粹出于好奇, 也许您家里正有一位初中三年级的孩子。

这个阶段的孩子即将初中毕业, 已逐渐形成了一定的审美能力和阅读喜好。他们的阅读行为逐渐趋于理性, 思维独立性日益提高。随着青春期带来的心理和生理变化, 该阶段的孩子面临着许多的压力和挑战。他们渴望社会、学校和家长能够给予自己成人式的信任和尊重, 同时也进入到一个"自我发现"的新时期, 能够更加客观地进行自我评价。

这套由亲近母语和果麦文化联合打造的中文分级阅读文库, 针对不同阶段的孩子专门配备了适宜的阅读套餐。亲近母语有着近 20 年儿童阅读研究的专业积累, 果麦文化有着优秀的出版品质和行业口碑。这套文库, 基于亲近母语研发的中文分级阅读标准, 根据 1-9 年级儿童的认知与心理特点, 以及儿童阅读能力和素养发展的要求, 精选 108 本经典作品。为每一个孩子, 择选更适合的童书。

我们从这个阶段孩子的语言、阅读和心理特点出发，精心择选了12本优秀的经典名著、动物小说、文言小说、自传体小说、散文和非虚构类作品，旨在扩展青少年阅读的广度，提升阅读的深度。

　　文学阅读依然是这个阶段孩子的阅读主体。我们选择了5本不同风格的文学作品。经典名著《简·爱》对于人物性格的刻画和语言的描写极具张力，塑造了独立坚强、敢于反抗的女性形象。《水浒传》是一部伟大的长篇小说，108个鲜活的人物形象，富于表现力的文学语言，波澜壮阔的社会背景，都让这部作品成为古典名著中的经典之作。语言大师汪曾祺的散文《人间有至味》，展示了美食美味、生活趣味和人生况味，充分彰显了作家"有至味"的生活方式和生活态度。《走出非洲》是丹麦作家凯伦·布里克森的自传体小说，描绘了1914年至1931年，作者在非洲经营咖啡农场的故事，字里行间流露着作者对非洲风光和非洲人民的真挚情感。黑鹤的《从狼谷那边来的孩子》给读者带来雄浑大气的审美体验和对生命的深刻思考。坚定守护羊群的孩子那日苏，宁愿战死也绝不退缩的牧羊犬巴务盖，传递着激荡人心的坚定和勇气。

　　每一个孩子都应从文学阅读开始，走向更广阔的人文阅读与科学阅读。《长物志》是一本古代中国生活美学指南，涉及衣食住行以及用赏鉴藏各个领域，带孩子领略中国人的美学精神，启发我们如何把生活过得更有趣味和格调。将廷黻先生的《中国近代史》，反映的是近代中华民族开眼看世界的历程，引导孩子们用审慎、辩证的眼光看待历代社会的历史变迁。梭罗在《瓦尔登湖》中尽情描绘了大自然的多样性和丰富性，充满诗意和美感的文字给孩子们带去了美的享受，和对大自然应有的态度。《沉思录》记录了古罗马帝国皇帝玛克斯·奥勒留与自己心灵的对话，千百年来，始终不渝地向人们倡导一种冷静而达观的生活。《菊与刀》是一部文化人类学的经典之作，为孩子们了解"他者"的文化和民族性提供了一个新颖的视角，充满了深刻的哲理性和艺术性。从儿童的理性思维发展来看，阅读科学类作品有助于提升这一阶段孩子的抽象思维能力和科学素养。美国海洋生物学家蕾切尔·卡森的《寂静的春天》，是极具人文情怀的环保科普之作，被誉为"影响世界历史进程的十部著作之一"，极大地改变了公众对环境问题的认识。《从一到无穷大》让乐于探索的孩子不仅能在数字游戏、微观世界、宇宙之谜中发现解密的快乐，也有助于他们养成实事求是、崇尚真知的科学态度。

《瓦尔登湖》像一位智慧的老人，用充满诗意的语言诉说着生活的恬淡与美好。光阴流转，四季更迭，梭罗借由文字记录着他的所见所感。瓦尔登湖不仅是梭罗的栖身之所，也是他灵魂依归的"故乡"。愿孩子们在阅读中，细细品味，慢慢欣赏，思考文字深处的哲理，寻觅一片属于自己的理想天地。每一个此刻，都有适合的童书。期待每一个孩子的成长之路上，都有这套中文分级阅读文库的陪伴！

亲近母语 × 果麦文化

那些对分解土壤有机质起到关键作用的"益虫"——这种假设合理吗？或者，有没有一种非特异性的杀菌剂，但不会杀死那些寄生在树木根部、帮助树木从土壤中吸收养分的有益真菌？

　　显然，土壤生态学这一至关重要的学科一直处于边缘状态，甚至得不到科学家群体的重视，而负责防控的部门对此更是不闻不问。以化学手段防控昆虫的行为似乎建立在一种假设之上：不管人类往土壤中注入多少毒物，土壤都能默默承载，但土壤世界本身的特性却被极大地忽视了。

　　这个领域目前只有寥寥可数的几项研究，但从中足以窥见杀虫剂给土壤造成的负面影响。这些研究的结果未必完全一致，这并不奇怪，因为不同土壤类型的性质差异非常大，对此处土壤有害的杀虫剂用于另一处土壤也许完全无害。沙壤土受到的伤害远比腐殖土要重；药物混用似乎比分开施用危害更大。尽管结果不尽相同，但这些研究已经足以证明杀虫剂确实对土壤有害，这个结论让很多科学家忧心忡忡。

　　在某些情况下，杀虫剂干扰了生物世界最核心的一些化学转化过程，例如硝化作用。只有经过硝化作用，大气中的氮元素才能被植物所利用，而除草剂2，4-D会暂时扰乱这个作用。佛罗里达州最近的几次研究实验表明，施用林丹、七氯和六六六（六氯环己烷）短短两周之后，土壤的硝化作用就有所减弱。而六六六和DDT在喷药一年之后还会产生严重的有害作用。其他的实验也证明，六六六、艾氏剂、林丹、七氯与DDD都会阻碍豆科植物中的固氮细菌形成必要的根部结瘤，严重扰乱了真菌与高等植物根部的这种奇特但有益的关系。

有时，杀虫剂还会破坏大自然保持生物群体数量的微妙平衡。杀虫剂杀灭了某些土壤生物，让另一些生物的数量产生爆炸性增长，从而扰乱摄食关系。这些变化很容易就能改变土壤的新陈代谢活动、影响土地的生产力，而且可能让有潜在危害的生物突然摆脱自然控制的枷锁，一跃变成猖獗的害虫。

杀虫剂的特性当中，最不容忽视的一点就是漫长的土壤残留期，这个时间段不以月计，而是以年计。喷药4年之后，土壤中还会存留着艾氏剂，有些是艾氏剂本身的残留，而更多的则是由其转化而成的狄氏剂；用于杀灭白蚁的毒杀芬可在沙壤土中存留10年以上；六六六至少可以存留11年；七氯以及毒性更强的衍生化学物质的存留时间至少在九年以上；施用氯丹的土壤在12年后仍能检测出残留，而且残留量高达原用量的15%。

如此看来，即便每次喷洒杀虫剂都严格遵守剂量，但年份一长，土壤中的毒物含量总会累积到一个惊人的程度。氯化烃类农药的残留期很长，因此每次施药都相当于在上一次的残留基础上又增加了药量。有一个经典的说法叫"一英亩土地施用一磅DDT是无害的"，但如果施药行为重复进行，那么这句话就毫无意义。人们目前已经发现有些马铃薯田的每英亩土壤含有15磅DDT；一些玉米田中更高达19磅；甚至有一片蔓越莓田沼中每英亩含有34.5磅DDT。而从苹果园中采集的土样受污染的程度无与伦比，土壤中的DDT累积量几乎与每年的施药量保持一致。仅在一个季度中，一片果园就会喷药4次以上，因此土壤中的DDT残留量很可能已经累积到了30～50磅/英亩的峰值。如果多年间重复喷药，那么在树木与树木之间的空地当中，土壤的DDT浓度是26～60磅/英亩，至于树根周围的土壤，DDT浓度更高达113磅/英亩。

砷是可以让土壤永久中毒的典型化学物质。尽管20世纪40年代之后已有很多可以替代砷类物用于烟草田中的合成有机杀虫剂，但从1932年到1952年，美国出产的烟草的含砷量仍然增长了300%。近期研究显示这个数字已经高达600%。砷毒理学领域的权威亨利·塞特利（Henry S. Satterlee）博士表示，尽管目前人们已经普遍以有机杀虫剂替代了砷类农药，但烟草植株仍在继续吸收着以前的毒质，这是因为种植园的土壤中已经彻底被一种可溶性极低的毒物——砷酸铅所浸透，这种物质将继续向泥土中释放可溶态的砷。用塞特利博士的话来说，烟草种植园中的大部分土地都遭受了"累积性，而且几乎是永久性的毒害"。可是，地中海以东的一些国家也都在烟草种植园中使用砷类杀虫剂，但当地收获的烟草中并没有这么高的砷含量。

于是，我们又面临着第二个问题。我们不但要考虑土壤本身发生的变化，还要思考植物组织究竟从浸满杀虫剂的土壤中吸收了多少毒质。这在很大程度上与土壤类型、植株类型，以及杀虫剂的性质和浓度有关。有机质含量高的土壤中释放的毒物相对较少。胡萝卜对杀虫剂的吸收量超过其他任何一种受试植物，如果使用的农药是林丹，那么胡萝卜组织中累积的农药浓度甚至比土壤中还要高。因此未来可能会出现这样的情景：播种某种农作物之前必须先检测土壤中的杀虫剂情况，否则，即便作物从来没有喷过药，它也可能从土壤中吸收了过量的杀虫剂，不适合上市售卖。

这类污染已经让至少一家业内领先的婴儿食品公司感到麻烦不断，他们不愿收购任何从喷过杀虫剂的田块上种出的蔬果，而让它最觉棘手的一种农药就是六六六，它会被植物根系和块茎吸收，让植物从气味和口感上都带有一种明显的霉味。加利福尼亚州的一些田块在两年前喷过六六六，时至今日种出的甘薯中还含有农药残留，因此在这家食品公司面前吃了闭门羹。这家公司还曾与南卡罗来纳州签了一大笔收购甘薯的订单，结果签合同的当年就发现当地半数以上的田块已经受到了农药污染，无奈之下只能从公开市场收购甘薯，并因此蒙受了巨大的经济损失。多年来美国各州种植的各种蔬果都被食品公司拒绝过，其中最麻烦的情况与花生有关。美国南方各州经常以花生与棉花轮作，而六六六是棉花田内广泛施用的农药，所以同一片田地里种出的花生就吸收了剂量可观的农药。实际上，只要吸收哪怕一丁点六六六就足以让花生的气味和口感产生霉味，而且这种物质是直接渗透果仁的，完全无法去除。对霉味进行处理不但没有什么效果，反而可能加重霉味。因此，决心杜绝六六六残留的食品公司只剩下一条路，就是拒绝收购在生长期间喷过六六六或者从受污染的土壤中种出来的任何作物。

有时，危害还会直接作用于作物本身——只要土壤还受到杀虫剂的污染，这种威胁就始终存在。某些杀虫剂会影响蚕豆、小麦、大麦、黑麦等敏感植株，减弱根系发育和幼苗生长。华盛顿州与爱达荷州啤酒花农的遭遇就是一个例子：1955年春，这两个地区的不少啤酒花农都参加了一个针对草莓根象甲的大规模防治项目，这种昆虫在啤酒花根部繁衍了大量幼虫。在农业专家和农药公司的建议下，农人选择了七氯作为防控药剂，结果喷过药的啤酒花藤在不到一年内就纷纷枯死，而没有喷药的田地则安然无恙，而且两类田块泾渭分明。农人不得已花了大价钱在山坡上重新种植了啤酒花，结果第二年又全部枯死。四年之后，土壤中仍然含有七氯，科学家无法预测这片土地的毒性还会残存多久，也提不出任何能够纠正这种情况的建议。美国联邦农业部直到1959年才意识到自己的错误，宣布七氯不可作为土壤处理剂用于啤酒花田当中，并撤销了相应许可，但为时已晚。同时，这些啤酒花农也在法庭上提交诉讼，尽量寻求赔偿。

　　鉴于人类还在使用杀虫剂，还在让无法摧毁的残毒在土壤中逐步累积，我们几乎可以肯定，人类正在走向困境——这是1960年在纽约雪城大学（Syracuse University）召开的土壤生态学论坛上的与会专家的一致意见。专家们认为化学物质与放射性物质是两种"生物活性极强，但人们了解甚少的工具"，并将使用这两种工具的风险总结为一句话："人类只要踏错那么几步，就可能彻底摧毁土壤的生产力，于是节肢动物[1]就将接管整个星球。"

1　生物学分类有七级："界、门、纲、目、科、属、种"，节肢动物是动物界最大的一门，现存 120 万种，占物种数量的 80%。昆虫即属于动物界节肢动物门昆虫纲（人类属于动物界脊索动物门哺乳纲）。

第六章

地球的绿色外衣

水、土壤以及植被组成的"绿色外衣"共同构成了地球动物生存其中的世界。不过现代人已经很少能想起这样一个事实：如果不是植物利用太阳能生产出人类赖以生存的基本食物，人类就无法存在。人类对植物的态度其实相当偏狭，只有看到某种植物在当下有实用意义，人类才会种植；如果我们出于种种理由认为某种植物不受欢迎，或者对人类既无益处也无害处，我们很可能立即给它判了死刑。除了各种对人畜有毒或者侵占作物生长空间的有害植物之外，人类还将不少无辜的植物列为铲除对象，这只是因为在我们狭隘的认识中，这些植物在错误的时间生长在了错误的地点。还有许多被我们消灭的植物只是因为它们恰好与一些人类不想要的植物生长在了一起。

植被是地球生命之网的一部分，它们彼此之间、它们与地球以及动物之间有着密切而重大的联系。有时我们别无选择，只能打破这种关系，但这应当是深思熟虑之后的决定，必须充分考虑到这种行为会在时间与空间两个维度上产生多么深远的影响。但如今除草剂行业正在蓬勃发展，除草剂销量飙升、使用范围越来越广，这表示杀灭植物的化学药物的生产规模越来越大，从种种表现来看，人类丝毫没有这种敬畏之心。

人类轻率的破坏之举已经在自然界中造成了许多凄惨的景象，最有代表性的一个案例就是美国西部高原消灭蒿草、替以牧草的大型工程。如果任何除草事业想要以史为鉴，充分理解自然地貌的形成历史以及意义，那么这个案例就是最好的参考。这里的自然地貌详尽地展示了自然力量相互作用的历史，它就像一本书摊在我们面前，告诉我们这片土地为何呈现出如今的样貌、我们为何应当保持它的完整性，但我们根本无心阅读。

蒿草生长在美国西部一片广袤的高原以及山脉接壤处的缓坡之上，这是数百万年前落基山脉陡然隆起而构成的独特地貌。这里的气候极端严峻：冬季漫长，从山脉上扑来的暴风雪余势未歇，在高原上留下一层厚厚的积雪；夏季又酷热难当、降水稀少，干旱的土壤纷纷龟裂，燥热的风从茎叶间窃走了水汽。

在地貌不断变迁演化的过程中，植物想要在这片海拔很高而狂风呼啸的土地上扎下根来，一定经过了长期而艰难的试错。一种又一种植物相继失败，最终演化出了一种同时具备所有必要生存特质的植物——也就是蒿草。它的茎叶低矮，但蔓延无际，可以在山坡和高原上牢牢扎根；蒿草灰色的小叶片可以锁住足够的水分，保证不会被寒风窃去。这不是什么巧合，只是大自然在漫长的年月中不断试错的结果，让美国西部的广袤高原变成了一片生满蒿草的田野。

在演化中逐渐与这片土地上的严苛要求保持和谐的不仅是植物，还有动物。随着岁月的流逝，有两种动物像蒿草一样完美地适应了当地的生存环境。第一种是哺乳动物——奔跑迅捷、动作优雅的叉角羚；另一种属于禽类——松鸡，也即刘易斯与克拉克在远征探险中发现的"平原公鸡"。[1]

　　蒿草和松鸡是天然的绝配。这种飞禽的原生地域与蒿草生长的地域彼此重合，而当蒿草的生长面积缩小之时，松鸡的数量也会减少。蒿草对这些生活在高原上的禽类意味着整个世界。山脚下低矮的蒿草丛是松鸡的筑窝之处，它们在此抚育雏鸟，蒿草茂密之处是松鸡休息和活动的地方，而蒿草本身更是松鸡一年四季稳定的食物来源。而且这是个互惠互利的关系，雄性松鸡盛大的求偶表演为蒿草根部和周围松了土，让蒿草遮蔽之下的牧草得以不断生长。

　　叉角羚也是一样，它的生活习性已经调整到与蒿草彼此适应的程度。高原上的主要动物只有这么两种，第一场冬雪落下之后，这些在高山上度过夏天的生物就向海拔较低的地方转移。蒿草为它们提供了挨过严冬的食物。其他植物落了叶子，蒿草却仍然保持常青，灰绿色叶子紧紧贴附在矮小茂密的茎上，叶片苦涩而芬芳，富含蛋白质、脂肪以及动物生存所必需的矿物质。尽管大雪堆积，但蒿草的顶部还是会露在雪外，就算完全被积雪淹没，叉角羚还可以用尖锐的蹄子把积雪刨开。松鸡也以蒿草为食，它们会在光秃秃的、寒风凛冽的山脊上找到这种植物，或者跟随叉角羚的足迹，在刨开的积雪之处觅食。

1　刘易斯与克拉克远征（Lewis & Clark Expedition）：1804 年至 1806 年，美国总统托马斯·杰斐逊发起了一次由东向西横越北美大陆、抵达太平洋沿岸的科学考察活动，由美国陆军的梅里韦瑟·刘易斯上尉（Meriwether Lewis）和威廉·克拉克少尉（William Clark）带队，因此得名"刘易斯与克拉克远征"。此次远征拓展了人们对美国西部地理的认识，绘制了西部主要河流与山脉的地图，观察并描述了上百种动植物的新物种和亚种，意义深远。

其他一些生物也都仰仗蒿草为生，例如骡鹿（Mule deer）就经常采食蒿草。蒿草是过冬家畜生死攸关的食料。不少供羊群觅食的冬牧场上除了大簇的蒿草之外几乎没有其他草种。每年的一多半时光，蒿草都是羊群的主要草料，它提供的能量甚至比干苜蓿的能量还要高。

目前，在苦寒的高原上，紫色的蒿草残枝、迅捷的野生叉角羚还有松鸡共同形成了一个取得完美平衡的自然生态系统。但"目前"这个时间状语必须修改一下——因为人们正试图在一片越来越广阔的地理空间中对大自然的做法进行一番改进。土地管理机构正打着发展的旗号迎合牧场主对牧草田难以餍足的需求，这就意味着需要种植大片大片没有蒿草的纯牧草地。因此，虽然大自然认为这里的牧草更适合与蒿草混生或者在蒿草遮蔽之下生长，但人们一意孤行，打算把蒿草斩草除根，创造出一片只生长牧草的田野。可是很少有人思考过，在这个地区创造一片纯粹的牧草地，是不是人类一厢情愿的幻想。果然，大自然给出了相反的答案。这里雨水稀少，年降水量根本不足以支持草坪草种的生长，反而更适合那种在蒿草荫蔽之下生长的多年生丛生禾草。

然而铲除蒿草的项目已经开展了许多年，好几个政府部门积极参与其中，工业部门也带着极大的热情推动和鼓励这项事业，因为它不仅拓展了草种销售的市场，更拓展了各种用于割草、犁地、播种的机器设备的市场。新近加入的一种武器是农药喷雾器。目前美国每年接受农药喷淋的蒿草田面积高达数百万英亩。

可是结果如何呢？根除蒿草并播种牧草的后果基本是理论推测出来的。长期与土地打交道的人们一致表示，牧草本该与蒿草夹杂生长、受其荫蔽，当保持水分的蒿草被铲除一空，牧草的长势就衰退下去了。

即使这个项目眼下取得了一定成效，但细密的生命之网已被彻底撕破。叉角羚和松鸡随着蒿草一同消失无踪，骡鹿很快也会遭受重创。当这片土地上的野生动物被赶尽杀绝之后，土壤将越发贫瘠，连那些本应获益的家畜也会受到伤害。不管夏季的牧草多么繁茂，如果没有了蒿草、灌木等野生植物，饥饿的羊群怎么在暴风雪中挨过漫漫寒冬？

这些还只是最直接、最显而易见的苦果。接下来我们还要面临另一个问题：散弹式的大面积喷药必然也会殃及很多非靶标植物。美国最高法院前任大法官威廉·道格拉斯（William O. Douglas）最近出版了一本书：《我的荒野：从东部到卡塔丁山》（*My Wilderness*：*East to Katahdin*），讲述了美国林业署在怀俄明州布瑞吉国家森林公园（Bridger National Forest）造成的耸人听闻的生态破坏。在牧民要求更多牧草地的压力之下，林业署向超过一万英亩的蒿草田喷洒了除草剂。蒿草的确如期灭绝，但那些如丝带一般蜿蜒于小河两岸的生机勃勃的绿柳也被杀死了，而柳树繁茂之处一直是北美驼鹿（Moose）的栖所，就像叉角羚依蒿草而生。海狸也在那里生存，它们以柳树为食，还会把树木伐倒，在小河中筑起坚实的水坝。在海狸的辛勤劳作之下，这里还出现了一个小湖。山涧溪流之中的鳟鱼体长很少能超过6英寸[1]，但这个湖里的鳟鱼体形却十分雄壮，不乏5磅重的大鱼。此外还吸引了各色水禽。只因为

1　英寸：英制长度单位，1 英寸约 0.0254 米。

柳树和以柳树为生的海狸的存在，这个地区就变成了一处适合垂钓和狩猎的休闲胜地。

但在林业署的"改良"之下，这片垂柳遭受了与蒿草一样的厄运，被无差别施放的农药喷雾杀死。1959年（也即喷药当年）来此参观的道格拉斯大法官看到了成片枯萎濒死的柳树，被眼前"难以置信的惨景"深深震惊。柳树已经如此，那么驼鹿又将遭受怎样的厄运？海狸以及它们搭建的小小世界呢？一年后，道格拉斯又回到这片满目疮痍的土地上寻找答案。驼鹿与海狸已经消失无踪。而没有海狸的修缮，它们搭建的水坝主体已经彻底消溃，湖水也流失殆尽。体形巨大的鳟鱼也无迹可寻，因为当初的小河只剩下一条可怜的细流，两岸是裸露炎热的土地，没有一片树荫。曾经生机勃勃的世界已经分崩离析。

除了每年有400万英亩的蒿草田接受除草剂喷淋之外，其他各种类型的土地也正在接受（或即将接受）农药喷淋，用以防治杂草。这些土地的总面积也很惊人，例如有一处由某家公共事业公司管控的土地，面积超过整个新英格兰州（约5000万英亩），这片土地的大部分区域都在实施例行的"灌木防治"。美国西南部也有大约750万英亩的牧豆林需要进行某种方式的灌木防治，而农药喷淋是最受到积极推动的手段。有一片位置不详但极为广阔的木材产区目前正在实施空中喷药，以"除去"那些阔叶树种，只保留对农药更有抵抗性的针叶树。1949年至1959年的十年间，接受除草剂处理的农田面积翻了一倍，达到了530万英亩。如果再算上私人草坪、公园绿地、高尔夫球场，那么喷过药的土地面积必定已经达到了一个天文数字。

化学除草剂是一种华丽的新玩具，威力惊人，会让使用者油然而生一种征服了大自然的自负之情，至于未来可能产生的不良影响，则被轻易地当成了杞人忧天的空想而不予理会。"农业工程师"在大力推崇"化学开垦"，敦促农人将犁头换成农药喷枪；成千上万个城镇的镇长听信了农药推销员和承包商的花言巧语——他们表示，只要付出一点代价，就可以帮城镇消灭掉"路边的杂草"，而且还声称这种方式比割草更便宜。所谓的"喷药成本"，只是官方记录册上整整齐齐的一串数字而已，但喷药真正的成本岂能以金钱计算？它必然包括一系列在不久以后就必须直面和承担的代价。大规模喷洒农药会危及自然景观以及生存于其中的各种生物群体，所以我们付出的真实代价自然会比施药的价格成本更加高昂。

举例而言，任何一个商会都会珍视一种商品——当地美景在度假游客心目中的口碑。但化学喷剂让道旁的天然美景变得面目全非，美丽的蕨类植物和野花、点缀着繁花与莓果的灌木丛如今已经凋萎，在美国国内引发了一波高过一波的抗议怒潮。新英格兰州有一位女士给当地报纸写了一封愤怒的控诉信：

> 道路两旁已经被我们搞得肮脏破败、死气沉沉、满目疮痍。我们花了大价钱打广告，就是为了宣传本地的美丽景致，但这种景象会让游客大失所望。

1960年夏季，美国各州的环保人士相聚在缅因州一个祥和的小岛上，共同见证这座岛屿的主人米莉森特·宾汉姆（Millicent Todd Bingham）女士馈赠给美国国家奥杜邦学会[1]的礼物。当日的讨论主题是如何保护自然风景以及囊括了从微生物到人类的精细复杂的生命之网，然而这些对话都是建立在来访者目睹岛上满目疮痍的道路而产生的愤慨之上。漫步于岛上的小径，曾经是令人心旷神怡的经历，因为身周是一片永远翠绿的森林，路边长满月桂、香蕨、赤杨、蔓越莓，而如今却只剩下一大片灰色的破败。一位环保人士后来述及当年8月的这次朝圣，笔触充满了愤怒："缅因州这座小岛的路旁美景已经被糟蹋得不成样子，我回来之后仍然满腔怒火。前些年，路旁还生满野花和迷人的灌木，但现在只剩下死亡的植被绵延几英里，像一条横贯的伤口。这番景象对当地的旅游业也是一个巨大打击，缅因州承受得住这种经济损失吗？"

在全美范围之内，以防治路旁杂草之名对环境造成无意识破坏的例子数不胜数。缅因州的路旁风景只是其中一例，让曾经倾心于小岛美景的人们感受到了一股浓重的悲哀。

康涅狄格州植物园的植物学家宣布，人类对路旁原生花草的杀灭几乎造就了一场"原野危机"。杜鹃花、山月桂、蓝莓、蔓越莓、荚蒾、山茱萸、杨梅、香蕨木、棠棣、冬青、野樱、野李子等各种植物已在化学攻击的火力网之下濒临灭绝，那些为路旁风景大大增色的雏菊、百合、黑心金光菊、野胡萝卜花、秋麒麟草、秋紫菀也都不能幸免。

1　美国国家奥杜邦学会（National Audubon Society）是一个专注于自然保育的非营利性民间环保组织，初建于1886年，取名为奥杜邦学会，旨在纪念美国伟大的鸟类学家、博物学家和画家约翰·詹姆斯·奥杜邦（John James Audubon，1785–1851）。

人类使用化学喷雾不仅毫无规划，而且经常滥用。这样的例子实在太多了，比如新英格兰州南部某个乡镇的一名承包商喷完农药之后，就把药箱里的残药倾倒在路旁的林地中，而这本来是没有获得喷雾批准的区域。以往小镇路旁盛放的紫菀和秋麒麟是吸引游客远道而来观赏的一道风景，但从今以后，秋日的路旁再也看不到蓝色与金色斑斓交错的美丽风景。新英格兰州的另一个城镇，一名承包商在公路管理局毫不知情的情况下擅自将农药喷淋高度设定为8英尺（规定高度是4英尺），结果在路边的植被丛中留下了一大片不规则的灰白色长条。马萨诸塞州的一个城镇，当局从一名热情的农药商手中购买了一种杀草剂，但没有意识到它含有砷，所以在道旁喷淋这种农药的恶果之一就是让12头母牛中毒死亡。

1957年，康涅狄格州的沃特福德镇（Waterford）在路旁喷淋了化学除草剂，给康涅狄格学院植物园（Connecticut College Arboretum）的自然保护区造成了严重伤害，连没有直接接受喷淋的大型树种也受到了影响。尽管时值春天，正是万物生发的季节，但橡树的叶子开始卷曲枯萎，然后叶芽开始萌发，而且生长异常迅速，整棵树似乎都在哭泣。夏秋两季过后，树木的主干已经死亡，枝干上光秃秃的，没有一片叶子，但整棵树畸形而流泪的模样仍然存在。

我知道有一段风景很美的道路，赤杨、荚蒾、香蕨木和刺柏在路旁形成了一大片屏障，明亮的花朵颜色四时不同，到了秋天，累累硕果如宝石一般垂在枝头。这段路的交通压力并不大，而且没有急转弯或者十字路口，因此灌木丛不会遮挡司机的视线。但喷洒农药的人来过之后，一连几英里就再也没有什么好风景，人们驾车迅速驶过，毫不留恋，因为只要一想到正是我们自己找来了喷药的人，造成了这样贫瘠丑恶的景象，这就是一种难以承受的心理折磨。然而，各个村镇的喷药项目往往莫名其妙地半途而废，在严酷的防治措施之下仍然保留了一片片美丽的绿洲——对比之下，那些面积更大的、被糟蹋得一塌糊涂的路旁风景更加让人惨不忍睹。在这些地方，只要看到摇曳的白色三叶草、流云一样的紫色豌豆花和火焰般的百合花，我的精神就会为之一振。

这些植物只有在售卖和喷洒化学药物的商人眼中才是"杂草"。美国有一个杂草防治领域的会议，如今已经成为一项常规制度。我在其中一本会议论文集中读到了一篇关于除草剂哲学的奇谈怪论。作者为除草剂杀死有益植物的情况给出辩解："很简单，只因为它们与有害杂草混生。"他还表示那些抱怨道旁野花遭到杀灭的民众让他想到历史上对活体解剖的反对者："所谓观其行识其人，我们知道在这些人心中，流浪狗的生命都要比自家子女的生命更加神圣。"

在这位作者看来，很多人无疑都有一定的性格扭曲，因为我们竟然喜欢野豌豆花、三叶草和百合的娇美，而厌恶路旁火烧一般的景色——灌木焦黑如炭、一触即折，曾经昂扬挺拔的蕨类植物枯萎凋垂。似乎如果我们竟能容忍这样的"杂草"存在，如果我们不从这种赶尽杀绝的行为中感受到一种快感，如果我们不因人类再次战胜了邪恶的大自然而扬扬得意，那就说明我们已经软弱到了可悲的地步。

道格拉斯法官在书中回忆了美国农业部野外工作人员的某次集会，会上讨论了上述杀灭蒿草的项目受到市民反对的问题。有一位老妇人因为喷药会杀灭野花而反对整个除草计划，在场的这些工作人员都认为这种想法极其滑稽可笑。但悲悯而睿智的道格拉斯大法官提出反诘："就像牧民寻找牧草、伐木工寻找树木一样，寻找一株萼草或者一株虎皮百合难道不是她不可剥夺的权利？原野的审美价值与群山中的矿脉与森林一样，都是人类继承的公共遗产。"

当然，保存道路两旁的植被也不仅是出于审美需求，自然植被也在自然经济方面有着重要意义。乡村道路两旁生长的灌木树篱以及近郊原野不仅为飞禽提供了觅食、栖身和筑巢之处，更是很多小动物的家园。仅在美国东部地区，路旁生长的常见植物就有70种左右，其中65种都是野生动物的重要食物来源。

这一类植物也是野蜂等授粉昆虫的家园，人类一般都理解不了这些野生授粉生物的重要意义。农民往往认识不到野蜂的价值，反而经常参与到消灭野蜂的行动当中，妨碍了野蜂为他们服务。大多数农作物和很多野生植物都依赖昆虫授粉。能为农作物授粉的野蜂有几百种——只为苜蓿花授粉的野蜂就有100种之多。假如没有授粉昆虫，那些生长在未开垦的荒野上、能够保持水土并提高土壤肥力的植物就会基本灭亡，给整个地区的生态系统造成深远的灾难。森林与牧场中的树木、野草和灌木也要依靠原生昆虫传粉才能繁殖下去，而如果没有这些植物，野生动物和家畜就断了食料。如今，清耕法[1]和化学防治手段已经将树篱和杂草消

1　清耕法（Clean cultivation/Clean tillage）：在果园、菜地、花圃等区域种植单一目标作物的耕作法，依靠人工手段去除地面杂草。这种耕作方式的弊端在于造成土壤有机质迅速流失、土壤肥力下降极快、种植区域生态条件恶化、作物害虫天敌无法生存，而且费工费时。以近年来兴起的生态农业和可持续发展的观点来看，这是一种落后的耕作方法。

灭殆尽，摧毁了授粉昆虫最后的庇护所，斩断了物种之间彼此联系的生命之线。

我们知道，这些昆虫对农产业以及自然风景如此重要，值得我们认真对待，而不是这样无动于衷地摧毁它们的家园。蜜蜂和野蜂严重依赖金烛草、芥菜、蒲公英等"杂草"的花粉作为养育幼蜂的食料。苜蓿开花之前，野豌豆花是蜜蜂在春天的基本食料，它们借此度过一年最初的季节，直到开始为苜蓿授粉的日子。而秋季找不到其他食物的时候，蜜蜂又靠金烛草为食，并提前为冬日贮存食物。大自然给物候设定了精密而玄妙的时间表——柳树开花的那一天，正是某种野蜂出现的日子。了解这些情况的不乏其人，但他们并不是有权订购农药并决定向自然风景大肆喷洒的官员。

本来有些人应当了解保存野生物种生存环境的价值，可是这些人在哪里？我们发现有太多行内人坚持认为除草剂对野生动物"无害"，因为人们认为这些物质的毒性比杀虫剂要小，因此"据说"不会造成伤害。但当这些除草剂倾泻于森林、田野、沼泽和牧场之后，当地的自然环境逐步产生了不容忽视的变化，甚至永久破坏了野外生物的栖息环境。从长期来看，摧毁野生动物栖息地和食源地的行为造成的危害更甚于直接杀灭。

对生长在道旁及公共设施用地的植被开展全方位化学打击的行为有着双重讽刺意义，其一在于这种方式反而会永久加重待解决的问题。以往的经验已经清晰地表明，地毯式施药无法一劳永逸地控制路旁的"灌木丛"，必须年复一年重复施药。更为讽刺的是，尽管人们已经开发出了一种非常安全的选择性喷雾法（Selective spraying），一次喷洒就可以实现长期防控，足以杜绝向多数植物重复喷药的行为，但我们仍然执迷不悟，坚持使用地毯式施药的模式。

路旁植被防控以及公用设施用地灌木防控并不是为了扫清野草之外的一切植物，而是要永久去除那些生长过高的植物，防止它们遮挡驾驶员的视线或者缠结在公共设施的线缆之上。一般情况下，防控对象只限于乔木，因为灌木大多很矮，没有什么危险性，羊齿类植物和野花也是如此。

选择性喷雾法是美国自然历史博物馆的弗兰克·埃格勒（Frank Egler）博士经过多年潜心研究而开发出来的，当时他还在担任美国公用设施用地杂草防控推荐委员会主任一职。这种方法巧妙地利用了大自然本身具有的稳定性：大多数灌木群落能够对乔木的侵入表现出强烈的抵抗性，相比之下，草地更容易被树种侵占。因此选择性喷雾要实现的效果并不是把路旁和公共用地变成一片整洁的草坪，而是通过直接喷雾法，在杀灭所有高大乔木的同时，保留一切其他植被。这样就只要喷一次药就够了，对于那些抗药性极强的品种可能还要一次后续喷药。等到灌木充分生长起来，乔木就不会再生。控制植被的最有效、最经济的方法不是喷洒农药，而是借助其他植物的力量。

整个美国西部都开展了检验研究，证明这种喷雾方法效果良好：只需一次充分的处理就能产生稳定的防治效果，至少20年不必再次喷药。选择性喷雾法通常采用人工背负喷雾器步行施药的方式，这样就对农药有了绝对的掌控力，有时还可以把喷药罐架在卡车底座上，但从来不会实施地毯式喷雾。这种喷药方法直接针对乔木和必须铲除的高大灌木，很好地保存了环境的原貌，不会伤及珍稀野生动物的栖息地，也无损于灌木丛、蕨类植物与野花的美丽。

目前，美国已经有一些村镇开始采用选择性喷雾法防控杂草，但在美国大部分地区，根深蒂固的习惯难以改变，地毯式喷药仍然盛行不衰，不仅每年都让纳税人付出高昂的代价，而且严重破坏了生态系统。地毯式喷药之所以盛行，只是因为民众还不了解真实的情况。当纳税人明白路旁喷药的开销其实不该年年都付，而应当一生只付一次，他们自然就会站出来呼吁改变现有的施药方法。

选择性喷雾的好处很多，比如可以将施放到环境中的化学物质的量控制在最少。这种方法不必到处喷洒农药，而是集中施于树木根部。因此野生生物受到伤害的可能性也就降到了最低。

目前使用最广泛的除草剂是2,4-D、2,4,5-T以及相关化合物。这些除草剂是否真的具有毒性，目前仍是个争论不休的话题。用2,4-D喷洒草坪而不小心沾染药液的人有时会患上重度神经炎，甚至陷入瘫痪。尽管这种事故并不常见，但医疗机构仍然建议要慎用这些化合物。2,4-D可能还存在另外一些隐蔽性更高的危害。实验表明它会破坏细胞呼吸的基本生理过程，类似于X射线破坏染色体。最近还有一些研究显示，上面这两种除草剂，以及其他某些特定种类的除草剂，在远低于致死剂量的水平上可能会对鸟类繁殖产生不良影响。

除了直接导致中毒之外，这些除草剂还会产生很多奇特的间接效应。人们发现，植食性的野生动物和家畜往往会被喷药后的植株所吸引，即便这种植物原本不是它们的天然食料。如果施用的农药是一种高毒除草剂（例如砷化物），那么这种接近枯萎植株的强烈冲动就必定会酿成一场灾难。如果这种植株本身恰好有毒，或者生有荆棘或者芒刺，那么即使施用的是毒性并不猛烈的除草剂也可能导致牲畜连番死亡。牧场中的有毒植物在喷了农药之后，突然在家畜眼中变得无比诱人，家畜为了满足这种反常的食欲，不惜前赴后继走向死亡。兽医学的医药文献中不乏类似病例：家猪食用了喷过药的苍耳、羊羔食用了喷过药的蓟之后都会发病；喷了药的芥菜开花之后，采蜜的蜂子就会中毒；野樱桃的叶子有剧毒，但一旦喷过了2,4-D，就会对牛产生一种致命的诱惑力。显然喷药后（或割倒后）造成的枯萎植株对家畜更有吸引力。狗舌草也是一例：家畜觅食的时候一般会避开这种植物，除非在饲料短缺的冬季和早春时节才会食用。但如果狗舌草的茎叶喷过了2,4-D，那么家畜就会一反常态，极为贪婪地啃食这种植物。

有时，这种情况是因为化学药物改变了植株组织的新陈代谢速率，使得含糖量短期内显著升高，对牲畜产生强烈的吸引力。

2,4-D还有一些更为古怪的特性，同样会对家畜、野生动物以及人类造成重要影响。大概10年前的一项实验表明，喷过农药之后，玉米和甜菜的硝酸盐含量会急剧增加。实验人员怀疑高粱、向日葵、紫露草、羊腿藜、红根苋、荨麻等植物在喷药之后也会产生同样的效应。牛群觅食的时候大都对这些植物视而不见，但一旦喷洒过2,4-D，这些植株就会备受青睐。一些农业专家表示，不少家畜的死亡原因都可以追溯到喷过农药的杂草。罪魁祸首就是那些突然增加的硝酸盐，因为反刍动物特有的生理现象会立即引发严重的问题。反刍动物的消化系统大多异常复杂——胃分成4个腔体（胃室）。其中一个胃室里含有一种负责消化纤维素的微生物（瘤胃细菌）。动物食用了硝酸盐含量异常高的植物之后，在瘤胃细菌的作用下，硝酸盐转化成了高毒物质亚硝酸盐，随后就会产生一系列致命的连锁反应：亚硝酸盐作用于血色素（血红蛋白），生成一种棕色物质，这种物质能够与氧分子紧密结合，阻止其参与呼吸作用，所以氧气就无法从肺部输送到生物体的各个组织当中，导致生物体在几小时内就会因为缺氧而死亡。这个过程为许多食用2,4-D处理后的杂草而导致家畜死亡的案例提供了一个合乎逻辑的解释。一些野生反刍类动物也面临着同样的威胁，比如鹿、羚羊、绵羊和山羊。

尽管还有其他多种因素（比如极端干旱的天气）可以导致植物组织内的硝酸盐含量增加，但2,4-D的销量和用量飙升所引起的危害绝对不容小视。美国威斯康星大学农业实验站认为这一情形已经非常严峻，因此在1957年发布了一则警告："由2,4-D杀死的植株中可能含有大量硝酸盐。"这种危险更波及了人类与动物，而且有助于解释目前越来越多的"粮库死亡"之谜。含有大量亚硝酸盐的玉米、小麦、高粱贮存于粮库之中，会释放出有毒的一氧化氮，对进入粮库的人类产生致命威胁。只要吸入几口一氧化氮就会引发扩散性的化学性肺炎。明尼苏达医科大学研究过一系列病例，其中只有一例存活，余人无一幸免。

"我们又一次在自然环境中横行无忌，就像大象闯进了瓷器店。"荷兰科学家布里格（C. J. Briejèr）如此概括人类滥用除草剂的行为，"人类太自以为是了。我们无从得知田里的杂草是不是统统有害，很可能有一些益草存在其中。"

杂草与土壤之间存在何种关系？很少有人提出这个问题。即便从人类切身利益出发的狭隘角度来考虑，二者的关系也富有意义。我们已经观察到土壤以及生活于地下和地上的生物存在相互依存、互惠互利的关系。假设杂草从土壤中攫取了某些物质，那么它也可能回馈了另一些物质。最近，荷兰某市几个公园的遭遇为这个观点提供了一些佐证：当地的玫瑰长势不佳，检测发现，土壤遭受了严重的线虫污染。荷兰植物保护局的科学家并没有向当地人员推荐化学喷剂或土壤处理剂，而是建议他们在玫瑰花丛中混种金盏花。喜欢吹毛求疵的人必定会认为金盏花是玫瑰花圃中的杂草，但这种植物根部的分泌物能够杀死土壤中的线虫。专家的建议得到了采纳，人们开始在一些玫瑰花圃中种植金盏花，留下一些保持原样的花圃作为对照组。结果非常惊人——种植了金盏花的玫瑰花丛苗壮成长起来，而对照组的玫瑰则茎叶松垂，一副病恹恹的样子。目前，金盏花已经在很多地方用于抵御线虫。

同样，我们可能在毫不知情的情况下铲除了其他一些对土壤健康有积极作用的植物。自然植物群落（也就是目前被普遍斥为"杂草"的植物群体）的状态就是指示土壤情况的标志。而当喷洒过化学除草剂以后，这种有用的指示功能自然也就丧失了。

此外，主张以喷药应付一切的人也忽视了一个具有重大科学意义的问题——保存某些自然植物群落是一种实际需要。人类需要以这些植物群落作为标准，来衡量人类活动对大自然造成的变化；人类也需要这些植物群落作为昆虫以及其他原生生物群落的野生栖息地，让这些小生命能够繁衍留存，因为人类使用杀虫剂而引发的抗药性已经改变了昆虫以及其他生物的遗传因素（这个话题将在第十六章详细论述）。一位科学家甚至表示，应当在昆虫的基因组发生进一步变异之前，建立一种保护昆虫、螨虫等生物的"动物园"。

有些专家警告说，除草剂会对植被分布情况的变迁产生微妙而深远的影响。除草剂2,4-D能够杀灭阔叶植被，减轻草本植物的竞争环境，因此某些茁壮生长的草类一跃成为"杂草"，引发新一轮杂草防治的问题，带来新一轮循环。最近有一份研究农作物问题的杂志就指出了这个怪异的现象："广泛使用2,4-D控制阔叶杂草之后，其他野草迅速蔓延，对玉米和豆类的产量造成威胁。"

对引发花粉症的豚草的防治，就是人类试图控制自然却自取其辱的例子。人们以防控豚草为名，向道路两旁倾泻了几千加仑农药。但真相却令人大感悲哀，因为地毯式喷药不但无法杀灭豚草，反而会让它越来越多。豚草属于一年生草本植物，每年新生的幼苗都需要开阔土地才能生长。因此最好的防治办法就是保留茂密的灌木、羊齿类植物和其他多年生植被。但频繁喷药破坏了保护性植被，留下的开阔荒芜的土地刚好适合豚草迅速蔓延。此外，空气中的花粉含量很可能根本就与生长在路旁的豚草无关，而与城市地块以及休耕田中的豚草有关。

马唐属杂草除草剂的旺盛销量也让我们看到不健康的施药方法是如何如影随形的。其实已经存在一种比年年喷药更经济有效的消灭马唐属杂草的方式，也就是再种植一种马唐草竞争不过的草类。马唐草只能生长在不健康的草坪上，它的肆虐只是一种症状，而非疾病的根源。马唐草每年都需要一片开阔的土地空间才能从草种萌发生长成植株，因此如果可以提供一片肥沃的土壤，让人们想要的草类茁壮生长，那么就可能创造出一个马唐草无法生长的环境。

但郊区的居民采用了治标不治本的方式，年复一年往草坪上以惊人的剂量倾倒各种杀灭马唐草的农药——他们遵照的是苗圃工人的建议，而苗圃工人则听信了农药厂商的话。花哨的农药商品名让人无从判断其本身特性，其实这些农药中都含有汞、砷、氯丹等剧毒成分。如果遵照推荐剂量喷药，那么这些草坪中毒质的累积量就会达到惊人的程度。例如，某一种农药如果按照用药指南规定的标准剂量施放，就相当于向每英亩土地施放了60磅工业级氯丹；如果是另外一种农药，则相当于向每英亩土地施放了175磅无机砷。随之而来的令人痛心的代价就是鸟类大量死亡，这个问题将在第八章详细叙述。而这样的毒草坪对人类会产生怎样的危害，目前还是个未知数。

采用选择性喷药法处理路旁原野及公共设施用地的防治项目则迎来了成功，人们从中看到了希望，转而思考是否能把这种在生态上安全可靠的防控方法用于农场、森林、牧场的植被防控项目当中。因为这种方法的目的不在于铲除哪一种植被，而是将某一地区的所有植被视为一个生物群落加以管理。

其他方面的出色成就也彰显了这个方法的益处。某些地区已经采用"生物防治（Biological control）"的方法控制人类不想要的植物，并取得了不可思议的成功。目前困扰人类的诸多问题大自然早已——亲历，而且它通常都自有一套成熟的解决办法。如果人们足够聪慧，懂得观察并仿效自然母亲，那么一般都会收获理想的结果。

另一个植物防治的成功案例与加利福尼亚州的克拉玛斯草（Klamath weed）有关。克拉玛斯草也称"山羊草"，原产于欧洲，当地称之为圣约翰草（St. Johnswort），它随着人类移民西进的路径一道传播，1793年首次出现在美国宾夕法尼亚州兰开斯特市（Lancaster）周边。1900年，这种草蔓延到了加利福尼亚州克拉玛斯河（Klamath River）附近，从此得名克拉玛斯草。到了1929年，这种植物在美国已经侵占了10万英亩牧草地，1952年更是扩大到250万英亩。

克拉玛斯草不像蒿草等美国原生草种那样在当地生态系统中占有一席之地，本地的动植物并不需要它的存在。相反，有克拉玛斯草生长的地方，家畜"皮肤生疥，口角发炎，萎靡不振"，就是因为食用了这种有毒的草类。而且克拉玛斯草蔓延之处，土地价格也相应走低——只要长了这种草，地皮就会折价。

但克拉玛斯草在欧洲从来不曾造成困扰，因为欧洲当地有各种以之为食的昆虫，这些昆虫食量极大，限制了克拉玛斯草的蔓延。尤其是法国南部两种豌豆大小的甲虫，浑身泛着金属光泽，终生都依靠克拉玛斯草为生。它们以这种草为食料，而且只有寄生于其上才能繁衍生息。

1944年，第一批以克拉玛斯草为食的甲虫运到了美国。这是一个极富历史意义的时刻，因为这是北美各国第一次尝试采用植食性昆虫防控植物。到了1948年，两个品种的甲虫都繁衍得很顺利，不需要额外进口了。人们每年从甲虫的原繁殖地收集数以百万计的个体散播到别处，甲虫会在小范围内自行散布开来，原先栖身的一片克拉玛斯草死亡之后，它们就会倾巢而去，非常精准地转移到另一片草上安营扎寨。在甲虫的攻击下，克拉玛斯草越来越稀疏，而那些原本快要灭绝的牧草又逐渐占据了上风。

1959年截止的一项为期10年的调查显示，防治克拉玛斯草的"效果极好，远超最乐观的估计"。克拉玛斯草的总量已经降到了原先的1%，这种象征性的蔓延实际已经不构成什么危害，而且事实上也有必要保留这些克拉玛斯草，因为我们还需要维持两种甲虫的数量，以防克拉玛斯草卷土重来。

另一个杂草防控的经济而有效的例子发生在澳大利亚。殖民者向来有携带动植物去新国度的习惯，所以，1787年前后，一位名叫阿瑟·菲利普（Arthur Phillip）的船长给澳洲带去了各种各样的仙人掌，打算用它们饲养可作为染料的胭脂虫[1]。其中一些仙人掌从花园里"逃"了出来，到了1925年，澳洲野外已经生长着20种仙人掌。由于这片土地缺少自然制约因素，仙人掌迅速蔓延，最终占据了大约6000万英亩的土地，其中至少有一半已经被仙人掌完全覆盖，失去了利用价值。

1920年，澳大利亚昆虫学家远赴北美与南美洲，研究这些仙人掌在原生环境下的昆虫天敌。多次尝试以后，澳大利亚在1930年引入了某种阿根廷蛾类的30亿枚卵。7年之后，澳洲最后一片密集的仙人掌丛林被消灭殆尽，曾经无法利用的土地又可以定居和放牧了。整个防治行动的成本低至每英亩不到一便士，而此前实行多年但收效甚微的化学防治成本则是每英亩10英镑。

以上两个例子都表明，如果能够密切关注和利用植食性昆虫的作用，就可能极有效地控制多种人类不需要的植物。植食性昆虫也

1　胭脂虫（Cochineal）属于同翅目胭蚧科，是一类珍贵的经济资源昆虫，原产于墨西哥和中美洲，寄主为仙人掌类植物。成熟的虫体内含有大量洋红酸，可制成胭脂红色素，广泛用于食品、化妆品、药品等多种行业。

许是所有植食性生物中口味最挑剔的一种，食物结构高度单一，本应很容易为人类做贡献，但人们在牧草管理的实践中却对这种防治手段视而不见。

第七章

无谓的浩劫

人类向着征服自然的宏伟目标不断前进，身后却留下了一片疮痍。我们不仅破坏了人类赖以栖身的这颗星球，也对共存于其上的其他生命带来了破坏。人类在过去几个世纪间写下了一段黑暗的篇章——美国西部平原对水牛的屠杀、逐利的猎人大肆残杀海鸟，为获取毛羽而将白鹭屠戮到近乎灭绝。如今，我们又为这段历史续写了新的一章，让各种生物面临新一轮浩劫——我们大肆喷洒的化学杀虫剂正在直接杀死大量鸟类、鱼类、哺乳动物等野生动物。

价值观决定着命运，如今人类统摄一切的价值观似乎是"喷枪至上"。人们毫不在意喷枪扫射会杀灭哪些昆虫，连那些恰好生存在靶标昆虫栖息地的知更鸟、野鸡、浣熊、猫甚至家畜也会被农药殃及。对此，任何人都不得抗议。

那些希望对野生生物的损失进行公正判断的民众面临着罗生门一般的困境。一边是环保主义人士和不少野生生物学家，他们坚持认为喷洒农药造成的损失非常严重，有些情况下甚至是灾难性的；而另外一边的防控机构则断然否认喷药造成了任何伤害，就算有伤害，也只是无关紧要的轻微伤害。我们应当接受哪种观点？

证人是否可信，当然是最重要的判断因素。野生生物学专家无疑是最有资格裁定和解释野生动植物是否遭到伤害的人。昆虫学家的专业是研究昆虫，在判断这个问题上的专业训练不足，而且防治项目由他们负责，所以从心理上他们不愿审视项目的负面后果。但是，坚决否认生物学家的报告、表示野生动植物受害纯属无稽之谈的人是来自州政府和联邦政府的防控专家——当然也少不了农药制造商。尽管我们的态度可以宽宏大量一些，认为他们之所以拒不承认，是因为专家见识短浅、利益相关者有所斟酌考量，但这并不意味着我们必须把他们看作合格的证人。

如果我们要形成自己的判断，最好仔细审视几个大型防治项目，从熟悉野生生物生存方式、对使用化学物质不持偏见的观察者那里请教经验，看看毒药如倾盆暴雨一般倾泻到野生动物生存的世界当中，究竟会造成怎样的后果。

对鸟类观察家、欣赏后院小鸟的城郊居民、猎人、渔民、野外探险家等人而言，破坏某个地区野生动物的任何行径——哪怕只破坏了一年，都意味着剥夺了他享受快乐的合法权利。这并不是不合理的诉求。有时，某些鸟类、鱼类、哺乳动物在单次喷药后还能重新繁衍到此前的水平——这些先例确实存在，但不能因此对曾经发生过的严重伤害视而不见。

但这种重新繁衍的可能性非常小。因为喷药一般都会反复进行，而且即使只喷过一次，野生动物种群数量恢复的例子也很罕见。一般情况下，喷药行为都会留下一片有毒的环境、一处致命的陷阱，不仅会杀伤本地的生物群落，连那些迁移至此的外来生物也难逃厄运。喷药范围越广，损失就越严重，没有什么地方是安全的绿洲。过去10年间，美国实施了大量昆虫防治项目，以上千英亩乃至上百万英亩为单位向土地统一喷药，个人与村镇实施的喷药行为也在稳步增加，美国境内的野生动植物受损与死亡记录也不断累积。让我们以其中几个项目为例，看一看究竟发生了什么。

1959年秋季，密歇根东南部连带底特律大片郊区在内的2.7万英亩土地上铺满了艾氏剂的粉尘，这是最危险的氯化烃农药之一。这个项目由密歇根农业部与美国农业部联合开展，目的在于控制日本丽金龟（Japanese beetle）。

这是一场极端危险的防治行动，但其实并没有多大必要。美国著名博物学家沃尔特·尼凯尔（Walter P. Nickell）将一生中大部分时间都献给了田野调查，而且每年夏天都会在密歇根州南部地区停留很长时间，他说："从我30多年研究的一手经验来看，底特律周边的日本丽金龟数量很少，近年来也没有显著增长。除了底特律政府放置的捕虫网抓到了几只丽金龟之外，（整个1959年）我没有看到一只丽金龟……这个项目进行得十分诡秘，我没有发现任何有力的证据表明日本丽金龟的数量有所增长。"

州政府的官方公告仅仅表示说，这种丽金龟"出现在了"原定实施空中农药打击的区域。尽管缺乏正当理由，项目仍然如期启动，密歇根州提供人力、负责监督，联邦政府提供设备与补充人员，杀虫剂的费用则由当地社区负担。

日本丽金龟是一种偶然被引入美国的昆虫，1916年首次出现在新泽西州——当时在里弗顿市（Riverton）的苗圃中发现了几只泛着金属光泽的绿色甲虫，起初人们并没有辨认出它们是什么品种，后来才发现是原生于日本岛的常见昆虫。显然这些丽金龟是在1912年美国颁布限令之前随着苗木进口而被带入美国的。

日本丽金龟登陆美国之后，就在密西西比河东部各州扩散开来，这些地区的气温和降雨量非常适合它们的生长繁衍，每年还会在它们目前已经散布的范围之外有一定规模的扩散。而东部一些丽金龟长期盘踞的地区一直在努力实施自然防治措施。记录显示，这些地区日本丽金龟的数量相对较低。

尽管美国东部提供了以合理手段防治丽金龟的先例，但处于丽金龟扩散范围边缘、只能算是轻度危害的中西部各州却采取了针对致命害虫才会使用的化学攻击，而且选择了最危险的农药和最草率的施药方式，让人群、家畜、野生动物统统暴露在杀灭丽金龟的毒物之下。结果这个防治项目对野生动物造成了惊人的破坏，而且将当地居民置于无可辩驳的险境。在金龟防控的名义之下，农药如暴雨一般倾泻于密歇根州、肯塔基州、艾奥瓦州、印第安纳州、伊利诺伊州、密苏里州的广袤土地上。

密歇根的农药喷淋项目是美国第一批针对日本丽金龟的大规模空中打击行动。当时选用艾氏剂这种极为致命的农药，并不是因为它最适合防控日本丽金龟，而是为了节省开支——艾氏剂是当时可用的化合物杀虫剂中最便宜的一种。虽然密歇根州官方向媒体承认艾氏剂是一种"毒药"，但仍然坚称它对人体无害，可以在人口稠密的地区施放。（州政府对于"我该采取什么预防措施"的回答是"无须采取任何措施"）后来当地媒体还援引了联邦航空署一名官员的话，他表示从整体上看，"这是一次安全的喷药"。底特律市政府公园与娱乐管理部的一名代表也保证：

"药粉对人体无害，也不会伤害植物和宠物。"所以我们完全可以据此推测：没有任何一名官员曾经参阅过美国公共卫生署或鱼类及野生动物管理局发布的现成报告，也没有参考过任何一份证实艾氏剂具有高毒性的研究文献。

密歇根本州的害虫防控法允许州政府在不通知个人土地所有者或取得其许可的情况下任意施药，所以飞机开始在底特律的上空低低盘旋。市政府和联邦航空局立即被民众忧心忡忡的电话淹没。底特律当地媒体表示：在一小时接到800多个电话之后，警察局祈请广播站、电视台和报社"告诉围观民众他们看到的景象是什么，告诉他们这个景象是安全的"。一名联邦航空局安全官员向公众保证"飞机处于密切监督之下"，而且"低空飞行是得到授权的行为"。他还以一种错误的方式安抚恐慌的民众——他补充说，飞机有紧急阀门，可以在瞬间将全部载荷倾泻出去。幸运的是，这种情况没有出现。飞机继续作业，杀虫剂粉末不仅飘落在金龟身上，也落在人类身上——购物和上下班途中的人们、午饭时段离开教室的孩子，浑身上下都沾满从天而降的"无害"的毒药。家庭主妇纷纷清扫自家门廊和走道上堆积的"像雪一样"的农药颗粒。后来，密歇根州奥杜邦协会指出：

> 在木屋顶的瓦缝里、在檐头的排水沟里、在树皮和嫩枝的缝隙和褶皱中，落满了几百万粒不过针尖大小的艾氏剂与黏土混合的白色颗粒。雨雪过后，每一处小水坑都成了一剂致命的毒药。

喷药过后不过几天时间，底特律市奥杜邦协会开始陆续接到询问鸟类相关问题的电话。协会秘书长安娜·鲍伊尔（Ann Boyes）夫人表示：

> 周日早上我接到了一名女士打来的电话，她从教堂回家的路上看到了数量惊人的鸟尸和濒临死亡的鸟儿。这说明人们已经开始担忧喷药的不良后果了。那个地方的喷药行动早在周四就已经结束。她说当地根本看不到鸟儿飞翔，而且在自家后院起码发现了12只死鸟，她的邻居也发现了一些死去的松鼠。

鲍伊尔夫人那天接到的其他电话也都报告说"死鸟很多，看不到活鸟……家里装了饲鸟器的居民都说饲鸟处根本就没有鸟儿"。那些濒临死亡的鸟儿都呈现出典型的杀虫剂中毒症状——颤抖、麻痹、痉挛、无法飞翔。

受到影响的生物不只是飞禽。当地一名兽医说他的办公室里突然挤满了带着宠物来求诊的人。猫类一般发病最重，因为它们喜欢一丝不苟地梳理毛发、舔舐脚爪。面对宠物猫狗严重的腹泻、呕吐和抽搐，这名兽医唯一能给出的建议就是，除非万不得已，不要让宠物到户外去，如果它们出去了，立刻清洗它们的爪子。（即使是残留在蔬果上的氯化烃农药也不容易清洗，所以这种方式不会起到多大防护效果。）

尽管城乡健康委员会坚称这些鸟儿一定死于"其他农药喷雾"的影响，而且人们接触过艾氏剂之后产生的喉咙刺激和胸部不适也一定"另有原因"，但本地卫生部门还是接到了源源不断的投诉。底特律一位著名的内科医师在喷药后的一小时之内接到了4个病人的求诊电话，都是在观看飞机作业的时候接触了粉尘。所有病人的症状都很相似：恶心、呕吐、发冷、发热、极度疲倦、咳嗽不止。

要求使用化学药物杀灭日本丽金龟的呼声越来越高，另一些地区也重蹈底特律的覆辙。伊利诺伊州蓝岛市（Blue Island）的人们拾获了成百上千只已经死亡或濒临死亡的鸟儿。为鸟儿做标记的机构收集到的数据显示，80%的鸣禽已经死于这场化学战争。1959年，伊利诺伊州的朱丽叶市（Joliet）用七氯对3000英亩土地进行了土壤处理。当地一家狩猎俱乐部的报告显示，经过处理的区域，鸟类"基本消失殆尽"。当地的兔子、麝鼠、负鼠和鱼类也大批死亡，甚至有一所学校将收集杀虫剂中毒的鸟类作为一个科学研究项目。

为了消灭丽金龟，东伊利诺伊州的谢尔顿市（Sheldon）和邻近的易洛魁县（Iroquois County）付出了无比巨大的代价。1954年，美国农业部和伊利诺伊州农业部联合开展了一项铲除丽金龟的行动，打算沿着它入侵伊利诺伊州的路线清剿过去，他们满怀希望，而且信誓旦旦地给出了承诺，将通过密集喷药把这种入侵物种彻底消灭。1954年，当年的首次"清剿"行动就从空中向1400英亩的土地喷洒了艾氏剂，1955年又用类似方式处理了2600英亩的土地。按照最初的规划，这个任务应当已经终结了。但化学处理一次又一次反复进行，截至1961年，喷过农药的土地面积已经达到13.1万英亩。即便在项目实施的前几年，人们就已经察觉到野生动物和家畜受到了重创，但喷药行为依然推行如故，无人咨询过美国鱼类和野生动物管理局或者伊利诺伊州狩猎管理部。（美国联邦农业部甚至在1960年春季召开的一次国会会议上公开反对一项规定"施药前必须预先咨询相关机构"的法案。他们不动声色地表示，该法案并无必要，因为合作与咨询本来就是"常规行为"。但"联邦层面"的合作从来没有发生过，农业部官员对这个事实仿佛失忆一般。在当日的听证会上，他们明确表露出了不愿咨询州级渔猎管理局的态度。）

农药防控的资金总是源源不断，但当伊利诺伊自然历史调查所（Illinois Natural History Survey）的生物学家试图衡量野生动植物的破坏程度之时，他们只能调动少到可怜的经费。1954年，雇一名田野调查助手的经费只有区区1100美元，到了1955年连这种专项基金都被撤销了。尽管有重重困难掣肘，生物学家还是收集到了大量零碎证据，把它们拼凑起来，组成了一幅空前惨烈的图景——在化学防控项目实施之后没多久，野生动物遭受的灾难已经非常明显了。

对食虫鸟儿而言，它们简直走进了天罗地网，农药本身的特性以及引致的一系列连锁反应让鸟儿无处可逃。谢尔顿市开展的早期防治项目在每英亩土地上施放了3磅狄氏剂。如果你想知道这个剂量对鸟儿有什么影响，只要记住下面这个数据就行了：实验室条件下，狄氏剂对鹌鹑的毒性是DDT的50倍，因此谢尔顿境内承受的毒物量大约相当于每公顷150磅DDT。这个数字还只是估算的下限而已，因为田块的交界和角落处的喷药还有重合。

农药渗入土壤后，中毒的金龟幼虫会爬到地表苟延残喘一段时间，这就会引来食虫的鸟类。喷药过后两个星期，已死或垂死的昆虫遍地都是，那么鸟群将受到怎样的影响也就不难想象了。褐色弯嘴嘲鸫、椋鸟、草地鹨、拟鹂和野鸡基本灭亡殆尽。生物学家在报告中表示，知更鸟基本"全军覆没"。一场细雨过后，死蚯蚓随处可见，也许知更鸟就是因为食用了这些死蚯蚓才纷纷中毒身亡。其他鸟类也难逃厄运，曾经的甘霖在农药的邪恶力量下变成了毁灭一切的毒剂。喷药过后，在雨后的积水坑里饮水和沐浴的鸟儿都将不可避免地走向死亡。

即使有鸟儿幸存下来，也可能丧失了生育能力。尽管人们在喷过药的区域内发现了几处鸟巢，有几个巢里还有鸟蛋，但蛋里都没有雏鸟。

至于哺乳动物，地松鼠已经灭绝殆尽，尸体形态残留着中毒暴毙的迹象。喷药区域还发现了麝鼠的尸体，田野中发现了死兔子。狐松鼠本来是乡间常见的动物，但喷药过后却销声匿迹。

消灭日本丽金龟的化学战开始后，在整个谢尔顿地区的农场中哪怕还能看到一只猫，都算是上帝的恩赐。农场中90%的猫都在首次喷药后的一个季度之内死于狄氏剂中毒。由于其他施过药的地区已经有过悲惨的先例，所以人们或许已经有所预感。猫对一切杀虫剂都相当敏感，对狄氏剂尤其如此。世界卫生组织实施的抗疟项目曾经导致爪哇西部的猫类大量死亡，而爪哇中部地区的情况更加严重，当地的猫价甚至都翻了一番。世卫组织在委内瑞拉的喷药项目也导致了类似后果，报告显示，猫在当地竟成了一种珍稀动物。

谢尔顿地区的野生动物、宠物乃至家禽家畜纷纷成为这场杀虫战役的牺牲品。不止一处羊群和牛群出现了中毒和死亡的现象，这说明农药也威胁到了家畜的生存。自然历史调查所的报告中描述了如下一系列情境：

5月6日喷过狄氏剂之后，人们赶着羊群穿过一条石子路，从喷过药的田野转移到了一小片没有施过药的优良牧场上。但显然有些农药随风飘进了牧场，因为羊群立即表现出了中毒症状……不思饮食、烦躁不安，总沿着牧场篱笆转圈，显然想找到一条逃出去的道路……不听驱赶，咩咩叫个不停，站立的时候也耷拉着脑袋，最终被抬出牧场……而且它们极度渴望饮水。人们在流经牧草地的溪流中发现了两只死羊，剩下的羊不顾驱赶，反复回到这条溪流，人们不得不强行把几头羊从水边拽开。最终有3只羊死了，其他羊幸存了下来，逐渐从中毒的症状中恢复过来。

　　以上这些景象发生在1955年末。尽管在随后几年中，人类对大自然的化学攻击一刻未停，但用于危害研究的经费完全断供了。野生动物与杀虫剂研究项目的经费申请全部包括在一项年度预算中，由自然历史调查所提交给伊利诺伊州立法会进行批准。但这项经费总是第一项被砍掉的项目，年年如此。直到1960年，才终于有一笔钱发到了一名田野助手的手中——而他付出的辛劳可以轻易抵过4个人的工作量。

　　后来，当生物学家重新拾起从1955年开始中断的研究时，野生动物面临的境况其实并没有多少改善，而施用的化学药剂已经换成了毒性更高的艾氏剂。以鹌鹑作为受试对象的实验表明，艾氏剂的毒性是DDT的100~300倍。到了1960年，栖居在施药地区的每一种野生哺乳动物都饱受摧残，而鸟类的情况更加糟糕。多拿温

（Donovan）镇上的知更鸟已经绝迹，拟鹂、椋鸟、褐弯嘴嘲鸫等鸟类也早已不见踪影。另一些生存在别处的鸟类也在急剧减少。猎松鸡的人们对杀灭丽金龟带来的负面效应有着切身感受。经过土壤处理的区域，鸟巢的数量减少了近一半，每一巢能够孵出的雏鸟数量也下降了。往年猎松鸡在这里是很盛行的活动，如今猎物稀少，早已无人光顾。

虽然消灭日本丽金龟的行动带来了一场浩劫，但易洛魁县没有停手，仍然在8年间对超过10万英亩的土地进行了化学处理。但这种做法似乎只能短暂延缓害虫的入侵——它仍在向西推进。这个规模庞大但收效甚微的项目究竟让人类付出了多少代价，或许我们永远无法确切估算，因为伊利诺伊州生物学家的调查数据仅仅是一个最小值。假如研究项目得到充分资助，生物学家能够进行更加全面的调查，那么我们了解到的最终结果将更加骇人。在项目实施的8年中，用于生物学田野调查的经费只有区区6000美元。而联邦政府为防控项目拨了37.5万美元的预算，此外州政府也提供了数千美元经费。这样算下来，研究经费还占不到整个化学防控项目预算的1%。

美国中西部实施的金龟防控项目都出于一种恐慌的心态，好像金龟的蔓延是一种极端威胁，为了消灭它们，可以不择手段。这当然不符合真实情况，如果那些忍受化学毒害的城镇居民能够了解日本丽金龟侵入美国的早期历史，他们一定不会纵容这种过分的防控手段。

美国东部各州的运气比较好，在合成杀虫剂诞生之前就遭受了金龟入侵，因此这些地区不仅在虫灾中幸存下来，而且在不伤害其他生物的前提下成功控制了金龟的数量。东部地区防控昆虫的智慧是底特律和谢尔顿远远不及的。东部地区成功的关键在于实施了自然防控手段，这种手段具备很多优势，比如效果持久、一劳永逸，而且不破坏生态环境。

日本丽金龟侵入美国的前十几年，由于没有原产地的种种制约因素，数量快速增长。但到了1945年，虽然金龟的蔓延范围仍然很广，但在大部分地区都降级为一种轻微为害的昆虫。金龟数量的下降主要有两个原因，一个是美国从远东进口了许多寄生性天敌，另一个是某些对金龟致病的病原体逐步繁衍开来。

1920年至1933年，美国在日本丽金龟的原产地进行了一番详细调查，随后从东方国家进口了34种捕食性或寄生性天敌用于金龟的自然防控。其中有5种天敌在美国东部安家落户。分布最广、效果最好的一种是从韩国与中国进口的寄生性黄蜂——臀钩土蜂（Tiphia vernalis）。雌蜂在土壤中找到金龟的幼虫后，首先会向幼虫体内注入一种令其麻痹的液体，然后在幼虫表皮之下产下一枚蜂卵。孵出的黄蜂幼虫就会吃掉已经麻痹的金龟幼虫。在大约25年的时间里，州级与联邦级机构共同合作，在东部14个州中引入了这种黄蜂。它们在东部地区扎根繁衍，昆虫学家一致认为这种昆虫在控制金龟数量上做出了重要贡献。

而贡献更大的则是一种细菌性病原体，它可以感染日本丽金龟所属的整个金龟科昆虫。这种细菌具有高度特异性，不会感染其他昆虫，而且对蚯蚓、温血动物以及植物完全无害。它的芽孢生长于土壤中，被金龟幼虫吞食后，会在血液中大量繁殖，让血液变成不正常的白色，因此也被称为"乳状病"。

乳状病最早于1933年在新泽西被发现，到1938年已成为日本丽金龟为害区域的常见病。1939年，美国启动了一项丽金龟防控项目，具体手段就是加速乳状病的蔓延。人类还没有开发出培养这种病原体的人工介质，但已经找到了一种效果很好的替代物——将受感染的金龟幼虫碾碎、晒干、混入白垩。标准剂量是每克粉末中含有一亿枚芽孢。美国联邦政府与州政府在1939年至1953年之间联合开展了一个防控项目，用这种粉末在14个州处理了9.4万英亩土地，由联邦政府所有的其他公共地块也接受了处理，此外还有面积不详但十分广阔的一片土地由私人组织和个人自行处理，没有纳入统计。1945年，乳状菌的芽孢已经散布到康涅狄格州、纽约州、新泽西州、特拉华州、马里兰州等地，检测发现某些地区的幼虫感染率甚至高达94%。1953年之后，投放芽孢粉末的工程不再由政府作为主导，转由私人实验室接手，继续为居民、花园俱乐部、市民组织和其他有意进行金龟防控的组织或者个人供应粉末。

　　因此，开展防控项目的东部各州已经拥有了抗击丽金龟泛滥的天然屏障。这种病原菌在泥土中仍然能够存活数年之久，实际上就相当于永久存活，对金龟产生持续杀灭的效果，而且还能通过自然载体不断传播。

　　那么，为何东部地区如此辉煌的防控成就没有用于伊利诺伊等中西部各州？后者为什么要采取饱受诟病的化学防治方法？

　　有人告诉我们，向丽金龟接种乳状菌芽孢的"成本太高"——但这个论点在东部14个州的防治经验面前完全站不住脚。"成本太高"的结论是怎么得出的呢？当然不是由那些真正评估过谢尔顿地区的生态浩劫的人给出的。而且这个结论忽视了一点：乳状菌芽孢只需接种一次，所以只产生一次成本，是一劳永逸的防治手段。

还有人告诉我们，乳状菌芽孢不宜用于金龟稀少的地区，因为只有土壤中金龟幼虫已经泛滥，这种芽孢才能长期存活。任何支持化学喷药的理由都值得仔细审视，这个说法也不例外。研究发现，乳状菌芽孢至少可以感染40种其他金龟，它们在世界范围内分布广泛，因此在日本丽金龟数量逐渐下降乃至灭绝后，这种病原菌也完全可以留存下来。另外，乳状菌的芽孢可以在土壤中长期潜伏存活，因此即使在金龟为害轻微的地区，甚至完全没有幼虫存在的地区，也可以引入这种芽孢来预防未来的虫灾爆发。

那些不惜一切代价希望立时看到成效的人自然会选择化学防治。那些支持计划性淘汰[1]产品的人也抱着一样的念头，因为化学防控是一种无限循环的手段，必须反复喷药，于是高昂的利润就从中产生。

相反，那些愿意等待一两个季度以获得完美防控效果的人会选择接种乳状菌芽孢的除虫手段，他们得到的回报是持久的——时间越久，效果越好，而且不会像化学防治一样逐渐衰退。

美国农业部在伊利诺伊州皮奥里亚市（Peoria）设立的实验室正在开展一项大型研究项目，希望开发出一种可以承载乳状菌芽孢的人工介质。如果研究成功，投放成本就能显著降低，于是这种防治方法就可以大规模推广。经过多年耕耘，目前人们已经看到了一些成果。假如有了彻底的"突破"，那么或许我们防治日本丽金龟

1　计划性淘汰（built-in obsolescence）又称"计划报废"，是一种工业设计策略，厂商有意为产品设计有限的使用寿命，令产品在一定时间后寿终正寝，从而提高产品的重复销售量，提高利润。

的手段就会多一点理智和远见，即使在它为害最猖獗的时候，我们也绝对没有理由采取中西部各州那种噩梦一般的防控方式。

伊利诺伊州东部的农药防治项目引发的一系列问题，不仅提出了一个科学问题，更提出了一个伦理问题——人类文明对生物界发动无情的战争，难道不会导致人类的灭亡？难道不会丧失文明的资格？

这些杀灭昆虫的毒药都没有选择性，它们无法把我们厌恶的靶标生物挑出来单独消灭。人类使用这些杀虫剂的原因也非常简单：它足以致命。所以与之接触的任何一种生物都可能中毒，比如人们心爱的宠物猫、农人的牛羊、在田野中奔跑的野兔、掠过天空的角雀。这些生物都对人类毫无危害，而且正因为有它们存在，人类才生活得更加舒适愉悦，但人类却以可怕的死亡作为它们的回报。在谢尔顿县观察的科学家这样描述一只濒死的草地鹨："它的肌肉运动已经失调，无法飞翔，甚至无法站立。但它即使侧卧着，仍然还在拍打翅膀，脚爪一蜷一松。喙大张着，费力地呼吸着。"而地松鼠沉默的死亡更令人心碎，"它们表现出一种典型的临死姿态：后背弓起，两只前爪紧紧攥在胸前，头颈前伸，嘴里常常含着泥土，这表明它在垂死之际曾经啃咬过土地"。

如果给生物造成如此痛苦的恶行我们都能纵容，那么谁还能够理直气壮地声称，人类仍然有资格以万物之灵长自居？

第八章

没有鸟鸣的地方

如今美国很多地区都不再有报春的归鸟，曾经鸣禽百啭的清晨也陷入一片怪异的寂静。不但鸟儿的歌声戛然而止，它们为世界带来的缤纷色彩与种种乐趣也都诡秘地消失不见，那些还未受到影响的城镇则对此一无所知。

伊利诺伊州欣斯代尔镇（Hinsdale）的一位家庭主妇给世界著名鸟类学家、美国自然历史博物馆鸟类馆名誉馆长罗伯特·墨菲（Robert Murphy）写过一封信，信中写道：

> 我们镇上给榆树喷药已经有好几年了（这封信写于1958年）。6年前我们搬到这里的时候，鸟儿非常多，于是我搭了一个饲鸟器，整整一冬都有很多红雀、山雀、绒啄木鸟和五子雀来这里觅食。到了夏天，红雀和山雀还会带着小鸟一起飞来觅食。

> 但喷过DDT几年后，镇上的知更鸟和椋鸟几乎绝迹了，我家的鸟架已经两年多没有过山雀了，今年连红雀也消失了，附近筑巢的鸟儿似乎只剩下一对鸽子，或许还有

一窝猫鹊。

我的孩子在学校里学到的知识是联邦法规禁止杀害和猎捕鸟类，所以我很难向他们解释鸟儿为什么全被杀死了。孩子们问我："鸟儿还会回来吗？"我不知怎么回答。榆树仍然在不断枯死，鸟儿也一样。现在已经实行什么补救措施了吗？这一切还能挽回吗？我能做些什么呢？

联邦政府为了杀灭火蚁而开展大规模喷雾项目之后，亚拉巴马州的一名女士写道：

过去50年里，我们这儿是一处名副其实的鸟类天堂，去年7月我们还在感慨"今年的鸟儿特别多"。但到了8月的第二周，所有的鸟儿突然不知所终。我像往常一样早起，照料我那匹心爱的母马，它已经生了一匹小马驹。但我听不到一丝鸟鸣，世界寂静得可怕。那些人对我们美丽的世界做了什么？直到5个月之后，我才看到了一只冠蓝鸦，还有一只鹪鹩。

她提到的那个秋天，美国深南地区[1]出现了很多令人不安的报告。国家奥杜邦学会与鱼类和野生动物管理局合作出版的季刊《田

1　美国深南地区（Deep South/Lower South）是美国南部的文化与地理区域名称，深南部的定义并不绝对，一般包括亚拉巴马州、佐治亚州、路易斯安那州、密西西比州和南卡罗来纳州，得克萨斯州和佛罗里达州有时也被视为深南地区的一部分。与深南地区相对的是上南地区（Upper South），指美国南部偏北的地区，一般包括弗吉尼亚州、田纳西州、阿肯色州和北卡罗来纳州，有时也包括属于边界州的肯塔基州、密苏里州和西弗吉尼亚州。

野札记》（*Field Notes*）报告说，密西西比、路易斯安那和亚拉巴马3个州同时出现了令人震惊的情景："一些调查点没有任何鸟类出没的痕迹，成为统计图上的'白点'，这是非常怪异的情况。"《田野札记》是一份汇编了资深鸟类观察家报告的刊物，这些专家在特定地区进行了多年野外观察，对当地鸟类群落的情况了如指掌。其中一位观察家在当年秋季驾车游览了密西西比州的南部地区，后来他在报告中写道："我驾车行驶了很远，但一只陆鸟[1]也没有看到。"路易斯安那州巴顿鲁日市（Baton Rouge）的一位观察家报告说，她家里的饲鸟器"一连几周"都没有鸟类光顾，后院灌木丛中的浆果仍然累累下垂，如果是往年，这些果实早就被鸟儿吃光了。另一位观察家说，透过他家的落地窗"经常能欣赏到四五十只红雀和其他各种鸟儿在窗外舞蹈的怡人景象，如今连零星一两只鸟儿都很难看到了"。西弗吉尼亚大学的莫里斯·布鲁克斯（Maurice Brooks）教授是研究阿巴拉契亚地区鸟类的专家，他表示弗吉尼亚州西部的鸟类数量已经减少到了"令人难以置信"的程度。

下面这个故事可以视为鸟儿悲惨命运的一个寓言——这种命运已经降临在某些鸟类身上，而其他一切鸟类都面临着这种威胁。这个故事与人人皆知的知更鸟有关。对千百万美国人而言，第一只知更鸟的身影是严冬遁去的象征。知更鸟来临之际，报纸争相报道，人们也会在餐桌上兴奋地互相转告。随着还乡的候鸟越来越多，森林开始染上第一抹绿意，成千上万的美国民众会在熹微的晨光中静

1　陆鸟（Land birds）是在地面活动及觅食的鸟类的总称，多生活在草原、森林、山地、冻原等环境，以植物、昆虫、果实为食。陆鸟的栖息地比较固定，很少随季节变化而迁徙。

静聆听知更鸟合唱的第一首歌曲。但是现在一切都已发生了巨变，连知更鸟归来这样顺理成章的景象都不复存在。

在美国，知更鸟等鸟类的命运似乎与榆树有着生死依存的关系，从大西洋沿岸到落基山脉，榆树默默见证了千万个美国村镇的历史，在街道两旁、广场和校园里撑起了一片片宏伟的绿色拱廊。但如今整个榆树种群都染上了一种严重的疾病，不少专家都认为一切努力最终都是徒劳的。失去这些榆树诚然是一场悲剧，但如果我们在徒劳的努力中又将栖息在美国的大部分鸟类推入灭绝的深渊，这才是一种双重的悲剧。而我们目前面对的正是这样一种险境。

这种大规模流行的榆树疾病被称为"荷兰榆树病（Dutch elm disease）"。1930年前后，美国装潢业需要从欧洲大量进口榆木瘿木材，使得这种疾病传到了美国。这种疾病由真菌导致，病原体侵入榆木的输水导管并产生孢子，随着树液流动而扩散开来，真菌分泌毒素加上真菌本身对树木脉络的阻塞会让枝干枯萎，最后整株凋亡。这种疾病可以通过美洲榆小蠹（Elm bark beetle）在患病与健康树木之间传播。这种昆虫喜欢在枯木的树皮下挖隧道，因此枯木中的真菌孢子就附着于小蠹的躯体上，随着它的飞迁而传播到别处。一直以来，防控这种榆木真菌病的方法都是控制载体昆虫的数量。美国各个村镇都在采用大面积喷药作为常规防控措施，尤其是美国中西部和新英格兰地区这些榆木众多的地方。

而这种农药防控对鸟类，尤其是知更鸟的影响，最先由密歇根州立大学的昆虫学家乔治·华莱士（George Wallace）教授和他的学生约翰·麦纳（John Mehner）揭示出来。约翰·麦纳在1954年攻读博士学位的时候，选择了一项与知更鸟有关的研究课题。这个选择纯粹出于巧合，因为当时没有人怀疑知更鸟的生存出现了危机。但正当他进行研究的时候，发生了一些糟糕的事情，让他的研究工作转了性质，而且实际上也剥夺了他的研究对象。

1954年，为了防治荷兰榆树病，美国人开始在各个大学的校园里小规模喷药。第二年，密歇根州立大学所在的东兰辛市（East Lansing）也加入了喷药项目，校园里的喷雾范围开始扩大，当地防治北美舞毒蛾（Gypsy moth）和蚊虫的项目也在同步进行，因此化学农药像倾盆大雨一样落在了土地上。

1954年，也即第一次轻微喷雾的当年，一切似乎一如往常。次年春季，归飞的知更鸟如往常一样回到校园。它们飞回熟悉的领地，就像英国作家汤姆林森（H. M. Tomlinson）的著名散文《失落的树林》（*The Lost Wood*）当中的蓝铃花一样"丝毫没有预料到任何灾难"。但人们很快就察觉到情况有点不对，校园里开始出现已经死亡的和奄奄一息的知更鸟。它们惯常觅食和栖息的地方已经看不到鸟儿，没有新筑的窝，也没有几只雏鸟。随后几个春天，情况依然如故。喷过药的区域已然成为一片死亡的陷阱，一波又一波归飞的知更鸟前赴后继，投入其中，在一周之内就死亡殆尽。归来的鸟儿越多，校园里垂死颤抖的鸟儿就越多。

华莱士博士说道："这片校园已经成了早春归来的知更鸟的墓园。"但这是为什么呢？起初他怀疑是疾病作祟，但很快就有证据表明事实并非如此：

虽然喷药的人坚称杀虫剂对鸟类无害，但知更鸟显然表现出了典型的农药中毒症状——首先失去了平衡感，继以颤抖和抽搐，最后迎来死亡。

证据表明，知更鸟之所以中毒，主要是因为啄食了蚯蚓，而非直接接触了杀虫剂。有一个研究项目用从校园里收集的蚯蚓饲喂小龙虾，结果所有小龙虾当即死亡；给一条养在实验室笼里的蛇饲喂这种蚯蚓之后，蛇也产生了剧烈颤抖。而蚯蚓正是知更鸟在春季最主要的食物来源。

不久后，知更鸟死亡之谜最关键的一块拼图终于拼上了，补上这块拼图的人是厄巴纳市（Urbana）伊利诺伊州自然历史调查所（Illinois Natural History Survey）的罗伊·巴克（Roy Barker）博士。巴克博士的著作出版于1958年，他从研究蚯蚓入手，发现了从榆树蔓延到知更鸟的死亡循环背后的机制。人们一般在春天给榆树喷一次杀虫剂（常规剂量是每株50英尺高的树木施放2~5磅DDT，榆林茂密的地方就相当于每英亩土地使用23磅DDT），到了7月通常还要把浓度减半再喷一次。强力喷枪把剧毒农药从树根一直喷到叶梢，连最高大的那些树木也逃不掉，这种喷药方式不仅直接杀死了靶标害虫榆小蠹，也消灭了授粉性昆虫、捕食性昆虫、甲虫等其他昆虫。杀虫剂在叶片和树皮上形成了一层毒力持久的药膜，连雨水都冲不掉。秋天，凋落的叶子在地上积成湿湿的一层，开始慢慢转化为土壤。这个过程少不了以腐叶为食的蚯蚓的辛勤劳作，因为榆叶正是它们最爱的食物。蚯蚓吞食腐叶的同时也吞入了杀虫剂，因此毒物逐渐在蚯蚓的体内贮存起来。巴克博士发现DDT会在蚯蚓的消化道、血管、神经和体壁之中累积。有一些蚯蚓无疑被直接毒死了，但还有另一些蚯蚓幸存下来，成为化学毒药的"生物浓缩器"。春日归来的知更鸟为这个死亡循环增添了另一支链条。知更鸟只要捕食11条体形较大的蚯蚓，摄入的DDT剂量就足以致死。而11条蚯蚓不过是知更鸟日常食量的一小部分而已——一只鸟只需要几分钟就可以吃掉10~12条蚯蚓。

并不是所有知更鸟摄入的剂量都足以致死，但摄入农药产生的另外一个后果也会导致知更鸟种群逐渐灭绝。生殖能力受损的阴影笼罩在所有鸟类研究项目之上——事实上，这个问题很可能危及一切生物。今天，在密歇根州立大学共计185英亩的校园当中，每年春季平均只剩下24~36只知更鸟，而据保守统计，喷药之前这里至少有370只成年知更鸟。1954年，麦纳先生跟踪观察的每一个鸟巢都孵出了雏鸟。1957年的6月末，如果没有喷药，本应该有大约370只雏鸟（一般与成鸟数量相当）在校园里觅食，但当年麦纳先生却只发现了一只雏鸟。一年后，华莱士博士报告："1958年整个春夏两季，我在校园的主要区域没看到哪怕一只羽毛初丰的幼鸟，据我所知，也没有任何人看见过幼鸟。"

孵不出雏鸟的部分原因自然在于亲鸟中有一方在筑巢之前就死去了，但华莱士博士的调查记录指向了一个更加不祥的结论——知更鸟的生育能力已经遭到破坏。他拥有"知更鸟和其他鸟类筑巢但不产卵的记录，以及经过了产卵和孵育阶段但孵不出雏鸟的记录。我们有一份记录记载了一只知更鸟满怀希望地孵卵21天，却并未孵化出小鸟，而正常的孵化周期只有13天。分析显示，孵化期的鸟类睾丸与卵巢中均含有高浓度DDT……10只雄鸟睾丸中的DDT含量从30到109 ppm不等，2只雌鸟卵巢卵泡的DDT含量更高达151~211

ppm"。华莱士博士在1960年的一次国会委员会议上如是说。

不久，其他领域开展的研究也开始陆续得出结论，结果同样令人沮丧。威斯康星大学的约瑟夫·希基（Joseph Hickey）教授和他的学生对喷药与未喷药区域的鸟类情况进行了详尽的对比研究，发现农药对知更鸟的致死率至少为86%~88%。位于密歇根州布鲁姆菲尔德希尔斯（Bloomfield Hills）的克兰布鲁克研究所（Cranbrook Institute of Science）试图估算榆树喷药所导致的鸟类伤亡数量，于是在1965年发起了一项倡议，呼吁人们将疑似DDT中毒的鸟儿都送到研究所进行检测。这个倡议的后果出乎所有人的意料。区区几个星期之内，研究所常年搁置不用的设备就开始超负荷运转，不得不谢绝随后送来的标本。到了1959年，仅在这一座小城中，研究所收到以及接到报告的中毒鸟儿数量就达到了1000只。研究所接收到的鸟类标本中，知更鸟是最主要的受害鸟种（有一位女士打电话给研究院，表示在此刻她的草坪上就躺着12只死去的知更鸟），此外还有63种其他鸟儿。

这就说明知更鸟只是榆树喷药所导致的毁灭性连锁反应中的一环而已，而榆树喷药还只是人类用化学毒物处理土地环境的冰山一角。大约90种鸟类损失惨重，其中就包括那些郊区居民和自然爱好者司空见惯的鸟儿。在某些喷过药的城镇，筑巢的鸟类数量下降了90%。我们可以看到，无论是在地面、树顶和树皮中觅食的鸟类还是捕食性的鸟类都受到了影响。

我们有理由假设，所有以蚯蚓和土壤生物为主要食物的鸟类和哺乳类动物都可能面临着同样悲惨的命运。大约45种鸟类的食谱中包含蚯蚓，其中就包括山鹬（Woodcock），这种鸟类在美国南部过冬，但它的过冬地已被七氯严重污染。最近有两项关于山鹬的重要发现：加拿大新布伦瑞克省的山鹬繁殖地的繁殖率正在暴跌，而且在成鸟体内检测出了大量DDT和七氯残留。

目前的记录也表明另外20种地面觅食的鸟类同样遭受了沉重打击。这些鸟类以蠕虫、蚁类、甲虫幼虫、蛆等土壤生物为食——已经中毒的土壤生物。这些鸟类中包括3种画眉鸟：绿背夜鸫、黄褐森鸫、隐士夜鸫，它们拥有鸟类中最婉转美妙的歌喉。此外，那些掠过林木中低矮的灌木丛、在落叶层中沙沙地觅食的雀类（如北美歌雀和白喉雀）也都是榆树喷药的受害者。

哺乳动物也很容易直接或间接地卷入这个死亡循环中。浣熊虽然是杂食性动物，但主要以蚯蚓为食；负鼠会在春秋两季摄食蚯蚓；一些掘地生活的动物比如地鼠与鼩鼱也会大量食用蚯蚓，所以毒素很可能也会传递到天敌的体内，比如鸣角鸮和仓鸮。春季一场豪雨过后，人们在威斯康星州发现了几只死去的鸣角鸮，可能就是食用蚯蚓而中毒死亡。人们还发现了一些陷入抽搐的鹰和鸮类，包括大雕鸮、鸣角鸮、红肩鹰、雀鹰、泽鹰等。这些鸟类可能是二次中毒的受害者，因为捕食了鸟类或鼠类，所以杀虫剂在肝脏等器官中不断累积。

榆树喷药不仅危及了在地面觅食的生物，也威胁到了它们的天敌。在一些重度喷药的区域，所有在树顶觅食的鸟类都消失无踪，连森林的精灵——戴菊（包括红玉冠戴菊和金冠戴菊）都不能幸免，一同消失的还有体形很小的蚋莺和每年春日从树林中成群结队迁飞、宛如一条七彩波浪的林莺。1956年的暮春，一大波迁徙回来的鸣禽刚好赶上了一次延迟喷药，几乎导致了一场屠杀，本区域所有鸣禽种类基本都受到了戕害。在威斯康星州的白鱼湾（Whitefish Bay），往年鸟类大迁徙的时候至少能看到1000只桃金娘林莺，但1958年榆树喷药过后，观察者在当地只找到可怜的两只。如果再算上其他种类鸣禽的损失，这份死亡名单还会更长。化学喷雾杀死的鸣禽当中，那些最迷人的鸟儿赫然在列——黑白林莺、黄林莺、木兰林莺、栗颊林莺、在5月的丛林中放声歌唱的灶鸟、双翅如火焰一般的橙胸林莺，还有栗肋林莺、加拿大林莺和黑喉绿林莺。这些在树梢觅食的鸟儿之所以受到了喷药的影响，可能因为食用了中毒的昆虫，也可能因为昆虫食物短缺而被饿死。

食物短缺的问题也殃及了翩然飞翔的燕科鸟类，它们拼命在空中捕食飞虫，好像鲱鱼在海中拼命捕食浮游生物。威斯康星州的一位博物学家说道："燕子也遭受了沉重的打击。大家都在抱怨说燕子的数量要比四五年前少多了。就在四年前，空中还满是燕子的身影，如今已经非常罕见……一部分原因在于杀虫剂让昆虫数量越来越少，部分也在于燕子吃了有毒昆虫的缘故。"

这位观察家也描写了其他鸟类的厄运："菲比霸鹟（Phoebe）的损失也令人震惊。各处的大鹟鸟都很稀少，而往年越冬时常见的菲比霸鹟简直已经看不到了。今年春天我只看到一只鹟鸟，去年春天也是如此。威斯康星州其他猎鸟人也抱怨过同样的情况。过去我能打到五六对北美红雀，现在一只都没有了。往年都有鹪鹩、知更鸟、猫鹊和鸣角鸮在我们的花园里筑巢，现在一只都看不见了。夏日的清晨再也没有鸟鸣，只剩下一些害鸟，还有鸽子、椋鸟和英格兰麻雀。这是一场惨不忍睹的悲剧。"

秋季给榆树喷过药之后，树皮的每一丝缝隙当中都潜藏着有毒的化学物质，这很可能就是山雀、五子雀、花雀、啄木鸟和褐旋木雀等鸟类中毒的原因。1957年整整一冬，华莱士博士在自家后院的饲鸟处都没看见过一只山雀或五子雀，这是多年以来的头一回。后来他发现了3只五子雀，而且从它们身上推演出了一个令人心痛的因果链：第一只五子雀在榆木上啄食；另一只处于濒死状态，表现出典型的DDT中毒症状；第三只五子雀已经死亡。后来发现那只垂死的五子雀的躯体中含有226 ppm浓度的DDT。

这些鸟类特殊的觅食习惯不仅使其对杀虫剂尤为敏感，而且也让它们的死亡产生了经济损失，此外，在其他更为抽象的层面上也令人惋惜不已。例如，白胸五子雀和褐旋木雀在夏天的食谱包括各种昆虫的虫卵、幼虫与成虫。山雀的食谱中大概1/3是各种小动物，覆盖了很多昆虫的整个生命周期。本特（Bent）教授在描写北美鸟类的不朽名著《生命历史》（*Life Histories*）中记录了山雀的觅食方式："雀群移动之际，每只鸟都仔细敲打着树皮、嫩芽和枝杈，连哪怕最零星的食物也不放过（比如蜘蛛卵、茧和其他处于休眠期的昆虫）。"

多项科学研究已经证实鸟类对昆虫控制具有重要作用。啄木鸟是恩格曼云杉甲虫（Engelmann Spruce Beetle）的主要控制物种，可以将甲虫的数量减少45%~98%，此外对苹果园中的卷叶蛾防治也具有重要作用；山雀和其他冬鸟也可以保护果园免受尺蠖之害。

但如今这个大肆使用杀虫剂的时代打破了自然的运行法则，化学喷雾不仅杀灭了昆虫，也屠戮了昆虫的主要天敌——鸟类。每一次喷药之后昆虫几乎都会卷土重来，但此时却没有制约昆虫的鸟类来帮助人类守卫这道防线。密尔沃基公共博物馆（Milwaukee Public

Museum）鸟类馆馆长欧文·格罗梅（Owen J. Gromme）在《密尔沃基杂志》（*Milwaukee Journal*）上撰文写道："有害昆虫最大的敌人是其他捕食性昆虫、鸟类以及一些小型哺乳动物，但DDT喷雾没有选择性，它会不分青红皂白地杀死大自然设置的卫兵和警察……我们借着发展的名义饮鸩止渴，为了一时之快而采用恶性防治手段，最终将会在卷土重来的害虫面前一败涂地。当杀虫剂将自然界的卫兵（鸟类）屠杀殆尽、当榆树全部灭绝之后，还会有危害其他树种的新害虫出现，到了那时，我们还有什么办法？"

格罗梅先生指出，在威斯康星州喷药项目启动之后的几年间，报告鸟儿死亡或垂死情况的电话和来信越来越多。从这些质询中可以发现，出现鸟类死亡的地区都是喷过农药的区域。

美国中西部许多研究所的鸟类学家和环保人士都与格罗梅先生持有相同看法，例如密歇根州的克兰布鲁克研究所（Cranbrook Institute）、伊利诺伊自然历史调查所、威斯康星大学等等。喷药地区的民众群情激愤，这从当地报纸的"读者来信"版块就能看得出来，而且民众通常比授权施药项目的官员更能认识到化学喷药的危险性以及自相矛盾之处。密尔沃基当地有一名女士写信说道：

> 我担心很快就会有很多美丽的鸟儿死在我的院子里……这是多么令人心碎的经历……而且这种后果让人既灰心又愤怒，因为我们造成了一场大屠杀，却丝毫没能实现我们原先的目的。而且把眼光放长远一点，你不可能只拯救树木，而置鸟类的存亡于不顾。从生态学的角度上来看，树木和鸟类难道不是相濡以沫的关系吗？我们真的无

法在保持生态平衡的前提下找到消灭害虫的方法吗？

其他来信也表示，尽管榆树雄伟高大、浓荫密布，但它并不是什么神树，不值得我们不惜一切代价来保护它，乃至于摧毁其他一切生命。威斯康星州还有一位女士写信说：

> 我很喜欢榆树，它是最独特的一道风景。可是除了榆树之外还有很多种树木……而且我们也必须拯救鸟类。想想吧，如果没了知更鸟的歌唱，春天该是多么死气沉沉！

对公众而言，这个问题简化成了一个非黑即白的选择题：我们要拯救鸟类，还是拯救榆树？但事情并非如此简单，而且讽刺的是，如果我们在化学防控的路上继续一意孤行，到最后很可能这两类物种我们都无法拯救——化学喷雾既杀光了鸟儿，也没能拯救榆树。依靠喷枪拯救榆树的幻想是非常危险的，它就像一团跳动的鬼火，将一个接一个城镇诱入开销庞大而一无所获的泥淖。康涅狄格州格林尼治市（Greenwich）已经连续开展定期喷药长达10年之久，然后发生了一年大旱，给甲虫创造了良好的生存环境，当年榆树的死亡率当即飙升了10倍。伊利诺伊大学坐落于厄巴纳市，早在1951年当地就已出现了荷兰榆树病，在1953年采用了化学喷雾进行防治，到了1959年，虽然已经喷了6年农药，但校园中的榆树已经死亡了86%，其中半数都是死于荷兰榆树病。

俄亥俄州的托莱多市（Toledo）也发生过类似情况，这促使林业部主管约瑟夫·斯维尼（Joseph A. Sweeney）回过头来重新审视化学防治的实际效果。当地在1953年开始喷药，一直喷到1959年，然而斯维尼先生注意到，遵照"书本及权威机构"的建议进行喷药之后，全市范围内槭绵蜡蚧（Cottony maple scale）的危害程度反而加重了，于是他开始私下重新评估荷兰榆树病的化学防治结果。评估结果令人震惊——他发现托莱多市"防控工作有所成效的区域，无一例外都是那些及时将受到病虫害影响的树木移除的区域。而那些依赖喷药的区域的榆树病反而愈演愈烈"。而城郊和乡间虽然没有采取任何防控措施，但榆树病的蔓延速度竟然比城市中更慢。这就表示，化学喷雾杀死了致病昆虫的天敌。

> 我们正在逐步摒弃防治荷兰榆树病的化学手段，这让
> 我与那些相信美国农业部建议的人产生了冲突。但我掌握
> 了切实的证据，我会坚持抗争下去。

我们很难理解，为何这些新近才被榆树病波及的中西部城市宁愿草率地开展雄心勃勃、所费不赀的防控项目，也不愿向那些早已熟知这个问题的地区取取经——比如纽约州。纽约自然是荷兰榆树病为害最久的地区，因为这种疾病就是在1930年随纽约港进口的木材传播到美国境内的。迄今为止，纽约州已经在防控荷兰榆树病方面积累了辉煌的战绩，而且这种防控并不是依赖化学喷雾而取得的。事实上，纽约州农业推广局根本没有向各个市镇推荐化学防控措施。

纽约是如何取得这些骄人成果的呢？保卫榆树的斗争开始后，纽约一直采用严格的卫生防卫措施，迅速移走和销毁所有染病和被

昆虫感染的榆树。起初的效果并不尽如人意，但那是因为人们还不知道仅仅销毁染病的树木是不够的，那些有可能寄生了金龟的木材也都必须销毁。如果染病榆树被人砍倒、劈成木柴，那么这些木材必须在开春之前烧尽，否则就会孵化出很多携带致病真菌的金龟。真正传播荷兰榆树病的罪魁祸首正是那些从4月末开始陆续从冬眠中苏醒觅食的金龟成虫。纽约昆虫学家总结了经验，了解到某一些金龟寄生的木材在榆树病传播中具有关键作用，如果能够密切关注这些木材，不仅能够实现预期的防治目的，更能将防治成本控制在一个合理的水平。截至1950年，纽约已将本州境内5.5万株榆树的染病率降低到了1%。1942年，纽约附近的维斯切斯特镇（Westchester County）启动了一项公共防卫计划，在接下来的14年里把当地的年均榆树死亡率降到了1%。而种植了18.5万株榆树的水牛城（Buffalo）同样通过公共防卫措施取得了不俗成果，近年的榆树死亡率也已经降到了1%。换句话说，按这种损失率计算，荷兰榆树病大概要用上300年才能把水牛城的榆树全部杀死。

而雪城的战绩尤其惊人。1957年之前，雪城没有启动任何有效的防治项目，因此从1951年至1956年有近3000株榆树枯死。随后，在纽约州立大学林业学院教授霍华德·米勒（Howard C. Miller）的指导下，雪城开始大规模移除所有染病榆树以及其他任何有可能供金龟繁殖的榆木。雪城如今的榆树损失率已经降到了不足1%。

纽约当地的荷兰榆树病防控专家尤其强调了防卫计划的经济优势，纽约州立大学农学院教授麦塞思（J. G. Matthysse）先生表示："多数情况下，实际防治成本总比预计开销更小，如果有枝干已经死亡或折断，那么需要将其完全移除，这是为了防止财产损失或人员受伤。如果是供烧火用的木柴堆，那么可以在开春之前把木柴烧完，或者把树皮从木柴上剥掉，还可以把木柴贮存在干燥的地方。如果榆树濒临死亡或者已经死亡，那么为了预防疾病蔓延，最好立即将其移除，这样做的成本一般不会超过后期迫不得已而移除的成本，毕竟城区范围内大多数已经死亡的榆树最终都要被移除。"

因此，只要能够采取明智的防控措施，荷兰榆树病就不算是绝症。虽然这种疾病从目前来看仍然没有根除的办法，但就算它在某个城镇成了气候，人们还是可以通过防卫措施将其限制在合理的染病水平和范围，只是不要采取徒劳无功，而且会对鸟类造成巨大伤害的化学防控手段才好。此外，森林遗传学领域也提供了其他可能的解决方案，实验表明，科学家有望研发出一种对荷兰榆树病免疫的杂交榆树。欧洲榆树天然具有很高的抗病性，目前已经在华盛顿特区广泛种植。甚至在纽约市榆树染病率很高的时期，这些欧洲树种也没有受到感染。

那些损失了大量榆树的城镇的当务之急就是通过快速育苗和造林工程进行移栽，这是非常重要的措施。尽管有些村镇可能已经将有抗病性的欧洲榆树纳入了移栽计划，但仍然要重视引入多元化的榆树品种，这样即使未来又暴发了某种疫病，也不至于让城镇中的所有榆树全部枯死。英国生态学家查理斯·埃尔顿（Charles Elton）揭示了保持动植物群落健康状态的秘诀——"保持物种多样性"。这一代人如今面临的窘境大多是上几代人尚不成熟的生态学思想导致的，就连我们的父辈也不知道在一片广袤的区域只种植一种树木必定会导致灾难。这就是在村镇道路两侧和公园里全部种满榆树的后果——让榆树和鸟儿同时遭受了灭顶之灾。

在美国，除了知更鸟，还有一种鸟类也处于灭绝边缘。它就是美国的象征——鹰。美国境内鹰类的数量在过去10年里迅速下降，事实表明，环境中的某些因素正在摧毁鹰的繁殖能力。这个因素究竟是什么，尚无定论，但许多证据都指向了杀虫剂。

人类研究最多的鹰类，是那些沿着佛罗里达西岸从坦帕（Tampa）一直到迈尔兹堡（Fort Myers）一带筑巢的品种。来自温尼伯（Winnipeg）的一位退休银行家查尔斯·布罗利（Charles Broley）在鸟类研究领域颇负盛名，因为他从1939年至1949的10年间为超过1000只小秃鹰绑上了足带（在此之前，历史上只有166只鹰绑过足带）。布罗利先生在冬季小鹰离巢之前给它们做了标记，后来跟踪发现，这些在佛罗里达孵化的鹰沿着海岸向北一直飞到了加拿大，最远抵达了爱德华王子岛（Prince Edward Island），而此前人们一直认为这些鹰是不迁徙的。秋天它们又会飞回南方，在一些著名的观鹰地点，例如宾夕法尼亚州东部的鹰山（Hawk Mountain），可以看到它们壮观的迁徙。

在做标记的早期，布罗利先生每年通常能在选定的那片海岸找到125个有鹰迹的巢穴，每年绑上足带的小鹰大概是150只。1947年之后，雏鹰的数量开始下降，有些巢穴再也没有鹰蛋了，另外一些巢穴虽然有蛋，但孵不出小鹰来。1952年至1957年间，80%的鹰巢再也没有过雏鹰。这个时期的最后一年，只有43个巢里有鹰。7个巢穴里有孵化的雏鹰（共8只幼鸟）；23个巢穴有蛋，却没有孵化；13个巢穴仅仅被成鹰当成觅食的地方，根本没有鹰蛋。1958年，布罗利先生沿着海岸跋涉了100英里才给一只雏鹰做了标记。

成鹰也变得非常稀少了，1957年有43个巢穴中有成鹰，而如今只有10个巢穴发现了成鹰的踪迹。

布罗利先生在1959年去世之后，这项珍贵的长期观察活动就终止了，但佛罗里达州奥杜邦学会和新泽西州、宾夕法尼亚州相关机构的报告都确认了一个趋势：或许我们不得不寻找一种新的国鸟了。鹰山保护区负责人莫瑞斯·布朗（Maurice Broun）撰写的一系列报告尤其值得人们关注。鹰山是宾夕法尼亚州西南部的一处风景如画的山峰，阿巴拉契亚山脉最东侧的山脊构成了阻挡西风吹向沿海平原的最后一道屏障。风遇到山脉，向上反弹，巨翅鵟（Broad-winged hawk）和鹰在秋天的迁徙季就乘着这种持续不断的上升气流，毫不费力地振翅而起，一天就可以南飞几十英里。鹰山是山脊汇合之处，鸟儿的迁飞轨迹也在这里交汇。从广阔的北方领地飞来的鸟儿，要经过这一片繁忙拥挤的交通枢纽之后，才向南方飞去。

莫瑞斯·布朗担任鹰山保护区负责人长达20余年，他观察与实际记录的鹰的数量比其他任何一位美国人都要多。白头海雕[1]的迁徙高峰是8月末和9月初。这些鸟儿本来生活在佛罗里达，在北方度过夏季之后，就要回到南方的家乡。（后来在秋天和初冬还会有几只大型的白头海雕飞过。它们属于北方的鹰种，飞向一个未知的过冬地点。）保护区设立初期的1935年至1939年间，有40%的鹰是一岁大的雏鹰，从它们浑身均匀的黑色羽毛很容易就能辨认出来。但近些年来幼鹰越来越罕见了，从1955年到1959年，幼鹰只占鹰群总数的20%。而到了1957年，每32只鹰中仅有一只幼鹰。

1　白头海雕（Bald Eagle）也称白头鹰，北美洲特有的大型猛禽，成年海雕体长可达 1 米，翼展超过 2 米。1782 年 6 月 20 日，美国国会通过决议立法，选定白头海雕为美国国鸟。

鹰山的观测结果与别处相吻合。伊利诺伊州自然资源协会（Natural Resou-rces Council of Illinois）的一位官员埃尔顿·福克斯（Elton Fawks）在报告中表示，鹰（很可能在北方筑巢）在密西西比河与伊利诺伊河的沿岸过冬。1958年，福克斯先生报告说每59只鹰中仅有一只幼鸟。而在世界唯一的单一鹰类保护区——萨斯奎汉纳河（Susquehanna River）上的蒙特约翰逊岛（Mount Johnson Island）也观察到了类似的迹象：鹰的种群正在逐渐灭绝。这座岛屿在科纳温戈大坝[1]上游8英里处，距离兰开斯特县仅有半英里，但这里依然保存了原始荒野的风貌。1934年，兰开斯特的一位鸟类学家、保护区负责人赫伯特·贝克（Herbert H. Beck）先生在这里发现了第一个鹰巢。1935年至1947年之间，成鹰规律地入巢产卵，而且都能孵出小鹰来。但1947年之后，尽管成鹰依旧前来产卵，但再也孵不出小鹰了。

蒙特约翰逊岛和佛罗里达州也都出现了相同的情况——有成鹰入巢产卵，但是没有雏鹰破壳而出。只有一个原因能够解释这一切：环境因素削弱了鹰的生殖能力，让它们几乎无法孵化足够的后代来维持族群的延续。

以其他鸟类为受试对象开展的多个实验也再现了这个结果，其中最著名的一项研究由美国鱼类和野生动物管理局的詹姆斯·德威特（James DeWitt）博士牵头开展，如今已成为一个经典实验。德

1　科纳温戈（Conowingo）大坝位于马里兰州，是举世闻名的白头鹰拍摄圣地。这座大坝是美国境内第二大水电站，每天会开闸放水几个小时，会有很多鱼被涡轮打伤打死，漂在水面上，成为白头鹰的捕猎对象。每年10月到12月，水库中都会上演一幕幕精彩的夺食大战。

威特教授检查了一系列杀虫剂对鹌鹑和野鸡的生理影响，得出结论：DDT或相关化学物质虽然未能对亲鸟造成明显可见的伤害，但有可能严重损害其生殖能力。

这些化学物质的影响机制也许有所不同，但最终效果都是一样的。例如处于繁殖季的鹌鹑摄入含有DDT的食物之后，虽然仍然可以存活，并且能够产下正常数量的受精卵，但鸟蛋并不孵化。德威特博士说："很多胚胎在孵化早期阶段的发育很正常，但会在破壳期间死亡。"而有幸破壳而出的那些雏鸟，一多半通常会在5天之内死亡。其他一些以野鸡和鹌鹑为受试对象的实验显示，如果成鸟在全年的饮食中都摄入了杀虫剂，那么成鸟就会彻底丧失产卵能力。加利福尼亚大学的罗伯特·鲁迪（Robert Rudy）博士与理查德·吉纳利（Richard Genelly）博士也报告了类似结果，表示野鸡在饮食中摄入狄氏剂之后，"产卵量显著减少，雏鸡存活率很低"。这些研究者表示，幼鸟之所以发生这种足以致命的延迟中毒现象，是因为它们在孵化期间和破壳之后逐渐吸收了蛋黄中贮存的狄氏剂。

华莱士博士和他的学生理查德·伯纳德（Richard Bernard）最近开展的几项研究为上述结论提供了坚实的证据——他们在栖居于密歇根州立大学校园中的知更鸟体内检测出了高浓度的DDT。在所有接受检测的雄性知更鸟的睾丸中，在正在发育的蛋囊中，在雌性成鸟的卵巢中，在雌鸟腹中已经成型但尚未产出体外的鸟蛋中，在输卵管中，在被遗弃的巢中未孵化的蛋里，在鸟蛋的胚胎里，在刚刚孵化就死亡的雏鸟体内都发现了化学毒物。

这些重要的研究结果都表明了一个事实：亲代鸟类与杀虫剂直

接接触之后会影响到下一代。鸟蛋中贮存的毒物是致死的元凶——杀虫剂就贮存在为胚胎发育提供营养的蛋黄组织当中。这就解释了德威特先生实验中的很多鸟儿为何都在破壳前或破壳后几天之内死亡。

但想要用鹰类进行这种实验室研究的难度相当大，几乎无法实现，不过科学家正在佛罗里达、新泽西等地广泛展开田野研究，期望找到某种切实的佐证来说明鹰群生育力低下的原因。同时，某些偶然的证据指向了杀虫剂。当地鱼类资源异常丰富，而鱼类是鹰的主要食物（鱼类在阿拉斯加地区约占鹰类食量的65%，在切萨皮克湾约占52%）。几乎可以肯定，布罗利先生长期研究的那些鹰类也主要以鱼类为食。1945年起，这片海岸就接受过多次溶于燃油的DDT药液喷雾。空中喷雾的主要目标是栖息在沼泽和滨海地区的盐沼蚊（Salt-marsh mosquito），而这正是鹰觅食的地方。农药杀死了巨量的鱼类和蟹类。实验室检测显示，它们体内的DDT浓度高达46 ppm。当地的鹰以湖中的鱼类为食，因此也像清水湖的䴙䴘一样不可避免地在体内累积了高浓度的DDT。野鸡、鹌鹑、知更鸟也和䴙䴘一样，生育能力越来越弱，孕育不出幼鸟，难以维持种群的存续。

这个时代，世界各地不断传来鸟类陷入危机的报告，虽然细节各不相同，但主题永远不变，都是施用杀虫剂后发现了野生生物大批死亡。比如在法国，用含砷除草剂处理葡萄残桩的行为导致当地上百只小型鸟类和鹧鸪死亡；比利时的一处鹧鸪猎场曾以鸟类充足而著称，而当附近农场喷过农药之后，猎场里的鹧鸪就一只也不剩了。

相比之下，英国面临的主要问题有些特殊，与播种前的种子处理有关。种子处理并不是一种全新的技术，早年使用的农药一般是杀菌剂[1]，鸟儿似乎没受到什么影响。1956年前后，种子处理措施开始多了一重目的，于是除了传统的杀菌剂之外，狄氏剂、艾氏剂、七氯等新型农药作为杀灭土壤昆虫的利器，也加入了处理药剂的配方当中，从此情势急转直下。

1960年春天，鸟类死亡的报告如雪片一般淹没了英国各大野生动物管理机构的信箱，包括英国鸟类学信托基金会（British Trust for Ornithology）、皇家鸟类保护学会（Royal Society for the Protection of Birds）以及猎鸟协会（Game Birds Association）。诺福克郡（Norfolk）的一名土地业主在信中说："这里像战场一般惨烈。看地的人发现了大量鸟尸，各种各样的小型鸟类都有，比如苍头燕雀、金翅雀、红雀、篱雀，还有家雀……野生动物遭到的破坏令人心痛。"一名猎场管理员写信说："我们猎场的鹧鸪几乎被喷过药的玉米杀光了，野鸡和其他鸟类也损失惨重，已经死了几百只鸟……我在猎场干了一辈子，从来没见过这么凄惨的景象。鹧鸪成双成对地死去，太让人难受了。"

英国鸟类学信托基金会和皇家鸟类保护协会共同发布的一份报告描述了67起鸟类死亡事件——这只是1960年春天这场惨剧的冰山一角。这67起事件中的59起是种子包衣引发的，另外8起则与化学喷雾有关。

次年，新一轮毒物喷洒行动又开始了。根据英国众议院收到

---

1 杀菌剂（Fungicide）：农业上的杀菌剂通常指用于防治真菌性植物病害的一类农药。

的报告，仅在诺福克郡的一处庄园中就有600只鸟儿死亡，在北埃赛克斯（North Essex）的一个农场里又有100只野鸡死亡。很快，英国受影响的郡在数量上就超过了1960年（1960年有23个郡，1961年有34个）。林肯郡（Lincolnshire）是农业大郡，受灾最重，据报告有超过10000只鸟儿死亡。从北部的安格斯（Angus）到南部的康沃尔（Cornwall）、从西部的安格尔西（Anglesey）到东部的诺福克，这场浩劫遍及整个英格兰的农业种植区。

1961年春天，人们的忧虑之情达到了顶峰，英国众议院专门设立了一个特别委员会对此事进行彻查，开始广泛从农户、农场主、农业部代表和与野生动物管理相关的各级政府与非政府机构处取证。

一名证人说道："鸽子突然就从半空中掉下来了。"另一名证人说道："你在伦敦郊外开车一两百英里都看不到一只红隼。"英国自然保护局的官员证实："这是过去近一百年里绝无仅有的情景，据我所知在历史上也从来没有先例。这是英国境内野生动物和猎鸟所面临的最凶险的威胁。"

用来给受害鸟类做化学分析的设备极为短缺，而且整个英国只有两名化学家能够操作此类测试（一位隶属于政府机构，另一位则受雇于皇家鸟类保护协会）。目击者详细提到了焚烧鸟尸的大火。当人们收集死鸟进行检测之时，发现几乎所有鸟儿体内都含有杀虫剂残留，只有一只鸟儿例外，而这只鸟是一只沙锥鸟[1]，不以植物种子为食。

---

1 沙锥鸟（Snipe）：一种鹬科鸟类，常栖息于湿草甸和沼泽地，以泥土中的蠕虫为生。

受到影响的不仅只有鸟类，还有狐狸，可能是因为食用中毒的鼠或鸟类而间接中毒。兔子在英国境内泛滥成灾，亟待狐狸的猎杀。但从1959年11月到次年4月，至少有1300只狐狸死亡。在雀鹰、红隼等猛禽几乎绝迹的地区，狐狸的伤亡最为惨重，这表明毒物会沿着食物链从食谷动物传递到被羽披毛的食肉动物体内。垂死挣扎的狐狸表现出了氯化氢杀虫剂中毒的典型症状：不断绕圈、晕头转向、陷入半盲状态，最后痉挛而死。

听证会成功说服了国会委员会，委员们意识到野生动植物面临的威胁已经"极为严峻"，而且还向众议院提出了相应建议，认为农业部长与苏格兰事务大臣（Secretary of State for Scotland）应立即禁止人们使用狄氏剂、艾氏剂、七氯等高毒化合物进行种子包衣处理。委员会还建议，应该施行足够严格的管控，确保化学品上市之前在田野环境与实验室环境下都要经过严格检测。值得强调的是，这也是世界各地杀虫剂研究的巨大盲点。化工厂商的检测对象都是鼠、狗、豚鼠等常规实验动物，没有野生种类——也就是说，绝不会使用鸟类或者鱼类进行测试，而且测试的条件都是人为可控的。因此，根据此类检测的结果无法判断一种化学品会对野生动物造成何种影响。

英国绝不仅仅是唯一为保护鸟类免受包衣种子的伤害而焦头烂额的国家，美国加利福尼亚州及南部各州面临的局面更加棘手。多年以来，加州稻农一直在用DDT处理种子，以防治蝌蚪虾（Tadpole shrimp）和水龟虫（Scavenger beetle）的侵害。加州也一直是狩猎胜地，稻田中藏着各色水禽和野鸡。但在过去10年间，种植水稻的村镇不断传来鸟类伤亡的消息，尤其是野鸡、鸭子、乌鸫这3种禽类。"野鸡病"成为当地家喻户晓的疾病，据观察，野鸡会"到处找水，陷入瘫痪，在水沟和田埂上颤抖不已"。这种疾病一般暴发于春季，刚好是稻田播种的时节。而用于种子包衣的DDT浓度足以将成年野鸡反复毒死好几次。

若干年后，随着毒性更加猛烈的杀虫剂投入使用，种子处理的后果越来越危险。艾氏剂如今已经广泛用于种子包衣，而它对野鸡的毒性是DDT的100倍。在得克萨斯州东部的稻田里，种子包衣已经严重减损了当地的著名物种——树鸭（Tree Duck）的数量，这种禽类生活在美国墨西哥湾沿岸地区，羽毛是黄褐色的，体形近似鹅类。确实，我们有理由认为稻农是抱着一箭双雕的想法用杀虫剂给种子包衣的，他们自以为找到了一种减少乌鸫数量的方式，但却让好几种其他鸟儿都遭受了灭顶之灾。

人类的杀戮习性越来越重——对任何令人厌恶或对生活造成不便的生物都直接诉诸"根除"的手段，鸟类不再是被殃及的对象，它们逐渐成为毒药攻击的直接目标，以飞机喷洒对硫磷控制农业害鸟的行为越发广泛。针对这种风潮，美国鱼类和野生动物管理局认为有必要严肃地表达一下忧虑之情："经对硫磷处理的区域将对人类、家畜和野生动物产生潜在的危害。"例如1959年夏季，印第安纳州南部的一群农民租了一架飞机，向一片河岸低地喷洒了对硫磷。这一片区域是成千上万只乌鸫的栖息之处，而它们喜欢在附近的玉米田里觅食。本来这个问题很容易解决，只要稍微将种植模式改变一下，种一些乌鸫够不到的深穗玉米就可以了。但这些农民听信了化学杀灭的所谓的"好处"，派来了这架执行死刑的飞机。

喷药的结果也许会让农民十分满意，因为伤亡统计包括了6.5

万只红翅乌鸫和椋鸟，其他野生动植物死亡了多少我们不得而知，这些数据无从统计，也无人在意。对硫磷不只对乌鸫有杀灭效果，它对所有生物一视同仁。那些从来不曾祸害农民玉米地的兔子、浣熊、负鼠也可能来到那片低地，被那些丝毫没有意识到，也丝毫不关心它们存在的法官和陪审团判了死刑。

那么人类又会受到怎样的影响呢？加利福尼亚州的许多果园也喷过了对硫磷，一个月后，前来清扫落叶的工人突然病倒、陷入休克，在精心救治之下才死里逃生。印第安纳州还有没有喜欢在丛林和田野中漫游、在河边探险的孩子？如果答案是肯定的，那么谁会来看管那些有毒的地区，防止那些寻找自然净土的孩子误入一片致命的化学毒场？谁来警告那些无辜的漫游者，提醒他即将进入一片致命的区域——所有植物叶片的表面都包覆了一层足以令人毙命的毒药膜？然而从没有人拦阻这些农民，他们冒着骇人的风险，对乌鸫发动了毫无必要的战争。

在上述所有案例当中，人们都回避了一个问题：是谁做出了决定，让这些毒物链开始启动，让死亡的波浪层层延展开来，就像鹅卵石在澄净的湖面上激起了一圈圈涟漪？是谁在加以权衡——在天平的一端放入可能被甲虫吃掉的蔬菜茎叶，在另一端放入一堆缤纷的花羽，而这些花羽都是被杀虫剂毒死的鸟儿的遗物。谁有权不经过民众同意就代替他们做出决定，认为一个没有虫鸣和鸟迹的世界更值得拥有？这个决定只是由暂时获得民众授权的独裁机构在千百万民众的疏忽之际做出的，而对这千百万民众而言，生物各从其类的天然世界仍然有着深邃而不可或缺的意义。

第九章

一潭死水

大西洋岸的近海处，碧绿的海水中藏着许多通往海岸的小径。它们是鱼类游动的路径，尽管无形无质，但与泻入大海的河流相通。数千万年以来，鲑鱼早已熟悉了这些洄游的淡水路径，它们会循径而上，回到各自在生命最初的几个月或几年中待过的淡水河支流中。1953年夏秋之际，在新布伦瑞克海岸的米拉米奇河（Miramichi）中出生的鲑鱼从大西洋的远洋觅食地洄游到岸边，再逆流而上，游回出生的河流。那年秋天，鲑鱼把卵产在了米拉米奇河上游河床的沙砾之上，那里溪网纵横交错，清冽的流水在树荫掩映下淙淙流过。这些生长着云杉、香脂冷杉、铁杉、松树等针叶木的水岸是鲑鱼族群繁衍必不可少的产卵地。

米拉米奇河是北美地区最适宜鲑鱼产卵的流域之一，鲑鱼的这种洄游行为已经重复了漫长的年月。但就在1953年，这种模式突然被打破了。

秋冬两季，鲑鱼卵都躺在母鱼在溪底沙砾中挖好的凹槽里，这些卵的体积很大，还带着厚厚的卵壳，在冬日的严寒中缓慢发育。等到开春之际，林中溪流解冻之后，小鲑鱼才孵化出来，首先藏身于河床的鹅卵石缝里——小鲑鱼不过半英寸长，还不会进食，依靠一个体积比它还大的卵黄囊生存。等到卵黄囊中的营养耗尽，小鲑鱼才开始在溪流中寻找小型昆虫为食。

1954年的春天，米拉米奇河里除了新孵化的小鲑鱼，还有一些一两岁大的幼鲑，身上已经有了漂亮的条纹和鲜艳的红色斑点。这些小鱼贪婪地吞食着溪流中各种奇异的昆虫。

夏天来临之际，一切都变了模样。加拿大政府从1953年开始实施了一项大规模的喷药计划，旨在消灭云杉卷叶蛾、拯救森林，而米拉米奇河西北部流域也在防治范围内。卷叶蛾是当地的原生昆虫，以几种常绿乔木为食。大约每35年，加拿大东部都会爆发一次虫灾。20世纪50年代初期，当地卷叶蛾的数量急剧增长。人类起初只是小剂量喷洒DDT，但从1953年突然开始增加喷药剂量。而且以前人们只向几千英亩森林喷药，如今则要喷洒数百万英亩，这是为了拯救橡胶与造纸业的主要原料——香脂冷杉。

因此，1954年6月，喷药飞机造访了米拉米奇河西北部，在空中留下一道道浑浊的白色烟雾。喷雾药剂是溶于油溶剂的DDT，喷药量相当于每英亩1.5磅。这些药液穿过香脂冷杉的丛林，落在土地和流动的溪水中。飞行员只想着完成任务，丝毫没有想到要避开溪流，或者在飞过溪流的时候关上喷雾口。不过，即使飞行员有心这么做，后果也不会有什么差别，因为哪怕空气受到了最轻微的扰动，也会让雾滴传播到很远的地方。

喷药后没多久，环境受到破坏的迹象就清晰可见。两天之内人们就在溪流两岸发现了濒死或已经死亡的鱼类，包括很多小鲑鱼，还有一些溪鳟。森林中的鸟类也在死亡，河流中的一切生机都已停滞。喷药前，水中生存着各种小生物，它们都是鲑鱼和鳟鱼的食物，比如毛翅蝇的幼虫，藏匿在它们用黏液粘接的树叶、草梗、石砾构成的松散空间中；再比如石蝇的蛹，附着在漩涡中央的石头上；还有蠕虫状的黑蝇幼虫，附着在浅滩的岩石边角上，或者有溪水激流而过的嶙峋岩块之上。但如今河流中的昆虫都被DDT毒死，幼鲑已经无处觅食。

身处这一片死亡和破败的景象之中，小鲑鱼逃脱的机会非常渺茫。到了8月，河床上再也看不到春天留下的那些小鲑鱼，一整年的孵化落得一场空。一岁或一岁以上的鲑鱼的情况只是稍微好那么一点点而已。1953年孵化的鲑鱼在喷了药的溪流中觅食后，只有六分之一能够幸存。而1952年孵化的小鲑鱼本来已经要入海了，却在当年死亡了三分之一。

从1950年开始，加拿大渔业研究委员会一直在米拉米奇河西北流域进行一项与鲑鱼有关的研究，每年都会对溪流中的鱼类做统计，所以才得到了以上这些数据。生物学家的统计项目包括成鱼产卵的数量、各年龄组幼鱼的数量、溪流中鲑鱼以及其他鱼种的正常数量。正因为人们在喷雾前积累了完善的记录，我们才可以精准地描述喷雾带来的危害，这是可遇而不可求的机会。

统计数据不仅显示了幼鱼的死亡数量，还揭示了溪流本身状态的剧烈变化。反复的喷药行为已经彻底改变了溪流的环境，鲑鱼与鳟鱼以之为食的水生昆虫被有毒物质屠戮一空。即使只喷过一次药，水生昆虫的数量也需要很久才能恢复到足以支撑鲑鱼生存的正常水平，这个时间段需要以年为单位计算，而不是区区几个月。

不过摇蚊和蚋等更小的昆虫会迅速繁殖起来。这些是只有几个月大的小鲑鱼的理想食物。但两岁和三岁的幼鲑食用的那些大型水生昆虫的恢复速度就没有那么快了，比如毛翅蝇、石蝇和蜉蝣的幼虫。即使在喷药后的第二年，除了偶尔能发现一些小石蝇外，幼鲑也找不到什么食物——没有大石蝇，没有蜉蝣，也没有毛翅蝇。为了向鲑鱼供给这些天然食料，加拿大人试图在一片疮痍的米拉米奇河水域人工培养毛翅蝇幼虫和其他昆虫，但这些刚培养起来的昆虫又被重复喷药杀死了。

1955年至1957年间，新布伦瑞克省和魁北克省各喷了两次药，某些区域甚至喷了3次，但卷叶蛾的数量并没有如预料一般减少，反而抵抗力越来越强。到1957年已经有近150万英亩森林喷过农药，随后喷药暂停了一段时间，结果卷叶蛾卷土重来，于是1960年和1961年又各喷了一次。实际上，任何一个地方的居民都没有把这种化学防控手段（让树木连续几年脱去叶子，从而免于死亡）视为权宜之计，所以喷药一直持续了下去，悲惨的副作用也如影随形。为了尽量减少鱼类受到的伤害，加拿大森林官员采纳了渔业研究委员会的建议，将DDT的施放浓度从此前的每英亩0.5磅降低到了0.25磅（美国仍在沿用每英亩1磅的致命标准）。随后加拿大人观察了很多年，发现施药的结果好坏参半，不过有一点可以肯定：如果继续喷药，那些喜欢钓鲑鱼的人今后就再也享受不到任何乐趣了。

后来，发生了一连串非同寻常的偶然事件，让米拉米奇河西北部的支流免于（当时看来已经不可避免的）彻底被破坏——这一系列因素堪称巧合，未来100年内都不会重演。我们有必要理解那里发生的一切，以及这一切发生的原因。

我们知道，米拉米奇河西北部流域在1954年已经喷过大量农药。从那时开始，除了1956年向一条狭长地带喷过药之外，这条支流的上游没有再喷过药。1954年秋季，一场突如其来的热带风暴左右了米拉米奇河鲑鱼的命运：飓风埃德娜（Edna）一路北上，最终抵达新英格兰地区和加拿大海岸，在那里降下了一场倾盆暴雨，大量降水与河流中的淡水奔流入海，从大洋深处引来无数鲑鱼，让满是沙砾的河床上铺满了鱼卵。1955年春天，在米拉米奇河西北部孵化的小鲑鱼获得了非常适宜的生存环境。虽然河流中的水生昆虫在一年之前被DDT悉数杀灭，但如今摇蚊、蚋等超小型昆虫的数量已经恢复了正常——它们正是初生幼鲑的常规食物。这一年孵化的小鲑鱼不仅获得了足够的食料，而且没有其他生物与之争抢——这是一个令人叹息的情景：前几年孵化的鲑鱼已经被1954年的那场化学喷雾屠杀一空。因此1955年孵化的小鲑鱼成长迅速，成活率极高。它们迅速完成了河流阶段的发育周期，提前入海。其中的很多成鱼在1959年洄游归来，又在这里产下了大量鱼卵。

如果说米拉米奇河西北流域目前的环境情况仍然相对较好，那是因为当地只喷过一年药。从其他河流里可以看到重复喷药的后果：鲑鱼数量衰落到了惊人的程度。

在所有接受过化学喷雾的河流中，各种尺寸的小鲑鱼都十分稀少。生物学家表示，最小的幼鲑"基本绝迹了"。米拉米奇河西南部的干流在1956年和1957年曾经喷过两次农药，到了1959年，当地的鲑鱼产量跌破10年以来的最低水平。初次洄游的产卵鲑[1]极为稀少，渔民议论纷纷。人们在米拉米奇河入海口设置了采样处，统计

1　大西洋鲑产完卵后不直接死亡，而是回到海洋中休养生息，此后还会多次溯游入河重新产卵。而太平洋鲑一生只产卵一次，随后就会死亡。

显示，1959年初次洄游的产卵鲑数量只有前一年的四分之一。1959年全年，整个米拉米奇河流域只孵化了60万条幼鲑（初离淡水入海的小鲑鱼），这个数字还不到此前3年平均水平的三分之一。

这种情况下，新布伦瑞克地区鲑鱼渔业的未来就取决于人类能否找到一种替代DDT的林用农药。

加拿大东部的情况并非个例，与别处相比只是森林喷药的范围更广，数据统计的规模更大而已。美国的缅因州也生长着大片的云杉林和香脂冷杉林，所以也面临着防控林业害虫的问题。而且缅因州也有鲑鱼洄游的现象，但壮观程度已经远不如从前，如今仅存的一些洄游目的地也是生物学家和环保人士在工业污染和滥伐林木的双重压迫下尽力保存下来的。尽管当地也在采用化学喷雾消灭无处不在的卷叶蛾，但喷药影响的区域相对较小，而且也不包括鲑鱼产卵的主要河流。但缅因州内陆渔猎管理局观察到某地区河流中的鱼类出现了奇怪的现象，这也许是一种不祥的预兆。

渔猎管理局报告："1958年喷药之后，大戈达德河（Big Goddard）里马上出现了垂死的亚口鱼（Sucker）。"这些鱼类表现出典型的DDT中毒症状——疯狂游动、在水面大口喘息，还伴随着颤抖和痉挛。喷药之后的头5天里，两条拦鱼网就捞上了668条已经死亡的亚口鱼。小戈达德河（Little Goddard）、卡利河（Carry）、阿尔德河（Alder）和布莱克河（Blake）中出现了大量死亡的鲦鱼（Minnow）和亚口鱼。人们经常看到虚弱不堪、奄奄一息的鱼被水流冲到下游去。还有几例报告显示，喷药之后超过一周，还能见到濒死的盲眼鳟鱼顺水漂向下游。

[多项研究证实，DDT能够对鱼类致盲。1957年，一位加拿大

生物学家观察了温哥华岛北部的喷雾项目之后报告说，人们可以徒手把幼年切喉鳟从水中捞出来，因为这些鱼游动迟缓，根本没有逃跑的意思。检查之后发现，鱼眼的表面蒙了一层白膜，说明它们的视力已经严重受损，甚至可能彻底失明。加拿大渔业部门在实验室中进行了研究，发现没有被低浓度DDT（3 ppm）杀死的鱼类（银鲑）几乎都表现出失明的症状，鱼眼的晶状体明显失去了透明度。]

只要是生长着大片森林的土地，现代化的害虫防控措施就会危及在树荫遮蔽的溪流里游动的鱼儿。美国境内伤及鱼类的最臭名昭著的例子发生在1955年，由黄石国家公园内部和邻近地区的化学喷雾造成。当年秋天，黄石河中发现了很多死鱼，让渔猎爱好者以及蒙大拿州的渔猎管理部门非常担忧。黄石河有大约90英里的流域都受到了影响，人们在300码[1]长的一段河岸上发现了600条死鱼，包括褐鳟、白鲑和亚口鱼。而鳟鱼的天然食物——各种水生昆虫已经彻底灭绝。

林业局的官员宣布，它们按照推荐施药量（每英亩1磅DDT）操作的行为是"安全的"。但喷雾的后果足以令人意识到这种推荐剂量有多荒唐。1956年，蒙大拿渔猎管理局、联邦鱼类和野生动物管理局、联邦林业局共同开展了一项合作研究。蒙大拿州当年的喷雾面积为90万英亩，1957年的喷雾面积是80万英亩，因此生物学家毫不费力就找到了适合开展研究的区域。

死亡的图景永远雷同：森林中充满了DDT刺鼻的气味，水面

1　码：英美制长度单位，1码约0.9144米。

覆盖着一层油膜，岸边都是死去的鳟鱼。所有受试鱼类——无论死活，都从体内检测出了DDT的残留。加拿大东部是受害最重的地区之一，当地饵料生物的数量严重下降。调查发现，很多地区的水生昆虫与河底生物的数量还不到平常的十分之一。这些饵料昆虫对鳟鱼种群的生死存亡至关重要，饵料昆虫一旦遭受打击，要经过很长时间才能恢复到原来的水平。喷药之后的第二年夏末，只有极为可怜的几种水生昆虫重新繁殖起来了。有一条原本充斥着水生生物的河流几乎成了昆虫绝迹之地，而这条河流中的垂钓鱼种也减少了80%。

这些鱼类并不是立即死亡的。事实上，喷药过后慢慢死亡的鱼类数量或许比当场被毒杀的鱼类更多。蒙大拿当地的生物学家发现，由于慢性死亡多发生在渔季之后，所以这种情况也许从来没有上报和统计过。调查发现，河中秋季产卵的鱼种大量死亡，包括褐鳟、溪鳟和白鲑，这并不让人意外，因为无论是鱼类还是人类，在心理应激时期都会大量分解体内脂肪作为能量的来源，这就让鱼肉组织中贮存的DDT得以充分发挥致命的威力。

毋庸置疑，每英亩1磅DDT的施药量会严重威胁到森林河流中的鱼类。而且卷叶蛾的防控其实并不成功，很多区域又被划入重新喷药的范围。蒙大拿渔猎管理局强烈反对继续喷药，表示"不愿为一个必要性尚可商榷，而成功率十分渺茫的项目牺牲渔业资源"。然而管理局转身又宣布将与林业局继续合作，"寻找一种可将负面影响降到最低的防控手段"。

这种合作真的能够拯救鱼类吗？加拿大另一个省——不列颠哥伦比亚省的经验给出了一个明确的回答。当地黑头卷叶蛾（Black-headed budworm）为害已有数年之久，林业局官员担心林木的叶子若再脱落一年，可能会导致木材产量严重受损，所以在1957年决定主动采取防控措施。当地林业局与渔猎局进行了多次商讨，后者主要担心鲑鱼洄游可能会受到影响。林业局下属的森林生物部同意在不降低防治效果的前提下对喷药项目进行调整，尽量减少对鱼类的伤害。

尽管事先做足了预防措施，人们显然也真诚地付出了努力，但至少有4条主干河流的鲑鱼死亡率达到了100%。

其中一条干流在1956年有4万条成年银鲑（Coho Salmon）产了卵，而1957年孵化出的幼鱼却被喷药项目屠戮一空，此外还有数千条幼年硬头鳟（Steelhead trout）等各种鳟鱼也不能幸免。银鲑的生命周期是3年，洄游的这些鱼几乎就是某一年龄群的所有个体。银鲑也和其他鲑鱼品种一样都有强烈的溯游本能，它只回到自己出生的河流。在其他河流出生的鲑鱼不会游回这里——也就是说，这条河中每3年出现一次的鲑鱼洄游基本从此绝迹，除非通过精心的管理和人工繁殖等手段才能重新恢复这种具有巨大商业价值的洄游景观。

总有一些既能拯救森林，也能保存鱼类的两全其美的手段。我们必须广泛应用目前已知的多种替代措施，并且充分发挥聪明才智，利用现有资源继续研发新的防控措施。有记载表明，某些天然寄生虫控制卷叶蛾的效果远胜于化学喷雾，所以人类应当充分发挥这种自然防控手段的作用。此外也不妨换用毒性较低的喷雾，或者更好的手段是引入一些只对卷叶蛾致病，但不会破坏整个森林生态结构的微生物。后文还将介绍一些其他的替代措施及其应用前景。

不过，我们必须时刻铭记：化学喷雾并不是防控林业害虫的唯一手段，更不是最好的手段。

杀虫剂对鱼类生命的威胁可分为三类，第一类就是上文提到的，对北部林区河流中鱼类的伤害。这种情况只与森林喷雾相关，而且几乎全都由DDT导致。另一类危害则是蔓延性的，殃及全美各大流水和静水水系中的鲈鱼、翻车鱼、亚口鱼等各种鱼类。造成这类危害的罪魁祸首几乎囊括了全系列的农用杀虫剂，但异狄氏剂、毒杀芬、狄氏剂、七氯等药物是主要毒物。还有一类危害主要影响到盐沼、海湾、河口等水域的鱼类，我们主要是从逻辑推演的角度推测它的影响，因为这方面的研究才刚刚起步。

广泛使用新型有机杀虫剂将无可避免地给鱼类带来严重伤害。氯化烃类农药是现代杀虫剂的一大分支，而鱼类对氯化烃类物质无比敏感。数百万吨有毒化学物质施放到土壤表面之后，必然会有一些物质渗入土地与海洋之间永不间断的水循环之中。

目前，鱼类死亡事件频频发生，有些事件的规模惊人，几乎成了一场灾难。美国公共卫生部甚至专门设立了一个收集此类报告的办公室，并以之作为水污染的监测指标。

这个问题会影响到很多人。美国有2500万人把垂钓当作一种休闲爱好，此外至少还有1500万人偶尔会跑去水边钓钓鱼。这些人每年在执照、钓具、船只、野营器材、汽油和住宿方面的消费高达30亿美元。如果他们无鱼可钓，那么就会在多个方面产生巨大的经济损失。商业渔业的经济效益极高，而且也是食物的重要来源。内陆及沿海渔业（近海捕捞除外）每年的产鱼量都在30亿磅上下。但正如眼下所见，杀虫剂污染了江河、溪流、池塘、海湾，已经严重威胁到了休闲垂钓和商业渔业。

对农作物喷药却伤及鱼类的例子比比皆是：加利福尼亚州曾使用狄氏剂防控水稻潜叶蝇（Rice-leaf Miner），结果杀死了60万条垂钓鱼种，多数是蓝鳃太阳鱼和其他种类的太阳鱼；仅在1960年这一年，路易斯安那州就发生了30多起严重的鱼类死亡事件，都是因为人们在甘蔗田里喷洒了异狄氏剂；宾夕法尼亚州的农人用异狄氏剂消灭果园害鼠，结果杀死了大量鱼类；西部高原使用氯丹防控蚱蜢，却导致溪流中的鱼类大批死亡。

美国南部的火蚁防控项目是一个空前绝后的大规模喷药计划，覆盖面积高达数百万英亩。使用的药物主要是七氯，这种物质对鱼类的毒性只比DDT稍稍低一点，此外还用了狄氏剂，这种药物对所有的水生生物都具有高毒性，文献中早已不乏先例。对鱼类而言，比狄氏剂毒性更高的农药就只有异狄氏剂和毒杀芬了。

在火蚁防控的范围内，不管是喷洒七氯还是喷洒狄氏剂的地区都传来了水生生物遭到灾难性破坏的消息。下面是从生物学家撰写的研究报告中节选的内容，从中可以一窥破坏的情况。得克萨斯州的报告："尽管人们已经竭力保护了运河水道，但还是有大量水生生物死亡。""所有喷过药的水域里都出现了死鱼。""鱼类的死亡一直持续了3周，损失惨重。"亚拉巴马州的报告："威尔科尔斯县的多数成鱼在喷药后的几天内死亡。""暂时性水域以及细小支流里的鱼类已经完全灭绝。"

路易斯安那州的农民抱怨纷纷，说农场池塘损失惨重。沿着一条运河走不到四分之一英里的距离，搁浅在岸边和漂浮在水中的死鱼就有500多条。另一处乡间死了150多条太阳鱼，幸存下来的数量还不到原先的四分之一。其他5种鱼已经完全灭绝。

在佛罗里达州的喷药区域，人们从塘鱼体内检测出了七氯及其衍生物环氧七氯的残留。这些塘鱼里有太阳鱼和鲈鱼——都是垂钓者的最爱，也是餐桌上的美味。然而美国食品和药物监督管理局认为它们体内的这些化学物质，"即使微量摄入也会严重威胁人体健康"。

鱼类、蛙类等水生生物死亡的报告数不胜数，以至于美国著名的科学组织——鱼类学家和爬虫学家协会（American Society of Ichthyologists and Herpetologists）在1958年通过了一项决议，呼吁美国农业部和相关政府机构停止"空中喷洒七氯、异狄氏剂等同类化学毒物，以免造成无法挽回之恶果"，协会呼吁关注美国东南部各种鱼类以及其他生物的生存环境，包括一些当地独有的珍稀物种。协会警告说："很多生物的生活区域非常狭小，极易彻底灭绝。"

美国南部各州的鱼类也因棉花害虫防治项目而遭到了严重伤害。对于亚拉巴马州北部的棉花种植村镇而言，1950年的夏天是一个灾难性的季节。这一年之前，为了防控棉铃象甲（Boll Weevil）而使用的有机杀虫剂还很有限。但由于连续经过了几个暖冬，象甲在当年大规模出现，大概80%~95%的棉农在本地机构的怂恿下开始使用杀虫剂，最常用的一种农药是毒杀芬，对鱼类的杀伤力极强。

当夏季雨水丰沛，农药都被冲到了河里，棉农见状便加大了喷药量。那一年，平均每英亩棉田足足喷洒了63磅毒杀芬。有些棉农甚至在一英亩田地中施用了200磅，有一名极端迷信农药的农民甚至往每英亩棉田里喷了四分之一吨农药。

所以，后果完全可以预料。弗林特河（Flint Creek）流经亚拉巴马产棉区的一段流域长达50英里，随后泻入惠勒水库（Wheeler Reservoir）。这条河流发生的变化很典型：8月1日，弗林特河两岸下了一场豪雨，雨水涓滴汇聚成了细流，最后变成汹涌的洪涛，从陆上冲入河道，让弗林特河的水位上涨了6英寸。第二天一早，人们发现，进入水道的物质绝不仅仅是雨水而已。鱼儿都在靠近水面的地方无精打采地打着转，时而还有鱼从水中猛然跳到岸上来。而且鱼儿都很好抓，有一位农民抓了几条鱼，放到一个有泉水注入的池塘里，这几条鱼在纯净的水源中慢慢恢复过来。但河里的死鱼顺流漂下，终日不断。这还只是灾难的序曲而已，因为每场降雨都会往河里冲进更多的杀虫剂，杀死更多的鱼。8月10日又下了一场大雨，河里的鱼群损失极为惨重，以至于8月15日那场大雨裹着毒药再次来袭时，河里已经没什么鱼可杀了。但这些化学物质致命的证据依然清晰可见——人们往河里放入了检测水质的金鱼箱，结果箱里的鱼在一天之内死亡殆尽。

弗林特河里那些在劫难逃的鱼类中也包括白刺盖太阳鱼（White crappies），这也是很受钓客青睐的鱼种。河水注入的惠勒水库里也出现了大批死去的鲈鱼和太阳鱼，这片水域里的杂鱼——鲤鱼、水牛鱼、石首鱼、美洲真鰶、鲇鱼都难逃一劫。鱼儿除了垂死挣扎前会不停抽搐、鱼鳃上泛起奇异的酒红色之外，没有任何患病的迹象。

至于那些温暖封闭的农场池塘，只要附近喷过了杀虫剂，池中基本都会出现类似的鱼类死亡情况。不少例子都表明毒物正是来自雨水和周围田块排出的污水。有时池塘受到污染，并不是因为含有杀虫剂的田埂污水流了进来，而是因为喷药的飞行员太大意，忘了在飞过池塘时关上喷雾器。但即使不考虑那么多复杂因素，对鱼类而言，正常的农业用量也已经足以致死。换言之，如果只是单纯降低每英亩的施药量，鱼类致死的情况还是难以改变，因为一旦药粉直接洒入池塘，每英亩0.1磅的浓度已足以致命。而且毒药一旦进入池塘就很难清除，有一处池塘曾使用DDT杀灭不想要的闪光鱼类，但后来即使经过了多次排水和冲刷，池塘里仍然含有剧毒，后来引入的太阳鱼的死亡率高达94%。显然有毒物质存留在了池底的淤泥中。

目前的状况显然没比新型杀虫剂第一次投入使用时好到哪儿去。俄克拉荷马州立野生动物保护局在1961年宣布，农田池塘和小型湖泊中每周至少会发生一起鱼类死亡事件，如今的频率正在逐渐增加。近年来类似惨案越来越多，人们已经逐渐熟悉了这种模式：先是向农作物喷洒杀虫剂，随后天降暴雨，有毒物质就会被冲到池塘里面。

在世界某些地区，池塘养殖的鱼类是极为重要的食物来源。在当地肆无忌惮地使用杀虫剂会带来迫在眉睫的灾祸。例如，在非洲的罗德西亚[1]有一种重要的食用鱼种叫作加西亚鲷鱼（Kafue Bream），这种鱼的幼鱼生活在浅水中，只要接触到0.04 ppm浓度的DDT就会死亡，其他很多杀虫剂的致死剂量甚至比这个浓度还要低。这种鱼栖息的浅水区域正是蚊子大量繁殖的地方。当地人一面要防治蚊虫，一面还要保存这种对中非民众非常重要的食用鱼

---

1 罗德西亚（Rhodesia）即今日的津巴布韦，曾是英国在非洲南部的殖民地，最早叫作南罗德西亚（Southern Rhodesia），1965 年至 1979 年之间改称罗德西亚。

类，这两种彼此冲突的目标显然没有成功地调和起来。

菲律宾、中国、越南、泰国、印度尼西亚和印度等国的虱目鱼（Milkfish）养殖业也面临着相似的困境。虱目鱼一般都养在岸边的浅水池塘中。成群的小虱目鱼会在岸边突然出现（人们不知道这种小鱼从何而来），人们把它们舀进池塘，它们就在那里完成生长发育。对于东南亚和印度地区习惯食用稻米的民众而言，这种鱼类是非常重要的动物蛋白，太平洋科学大会（Pacific Science Congress）倡议国际社会共同努力，寻找虱目鱼目前尚不为人所知的孵化地，以促进它的大规模养殖。但农药喷雾已经在现有的虱目鱼塘中造成了严重伤亡。菲律宾以空中喷雾防治蚊虫，让当地的鱼塘主蒙受了高昂的经济损失。有一处池塘养殖了12万条虱目鱼，结果滑翔而过的喷药飞机杀死了池塘里一半以上的鱼，无论鱼塘主如何引水稀释也无济于事。

近年来最惊人的大规模鱼类死亡事件发生在1961年，地点是得克萨斯州奥斯汀（Austin）城外、科罗拉多河（Colorado River）的下游。当年的1月15日是个星期天，前一天还毫无异样，但清晨曙光初现之后，奥斯汀市的镇湖（Town lake）和下游5英里的河流中开始有死鱼漂了上来。到了星期一，有消息说下游50英里处也发现了死鱼，所以情况已经很清楚了：河中的有毒物质正随着河水流动向下游扩散。1月21日，奥斯汀市下游100英里外的拉格朗吉（La Grange）附近也出现了死鱼，一周后，毒物已肆虐于200英里以外的河道之中。1月的最后一个星期，当局关闭了所有内河航道的水闸，以防有毒的河水流入马塔戈达海湾（Matagorda Bay），最终这些毒物全部泻入了墨西哥湾。

同时，奥斯汀市的调查人员注意到了一股氯丹和毒杀芬的特有气味，在某个暴雨泄洪口尤其浓烈。这个泄洪口以前就有过排放工业废水的前科，于是得克萨斯州渔猎委员会的人员从湖边的泄洪口沿着管道一路回溯，他们循着六氯苯胺的气味摸到了一家化工厂的分支管道。这家化工厂主要生产DDT、六氯苯胺、氯丹、毒杀芬，此外还有少量的其他杀虫剂。化工厂的经理承认，他们最近一直在把大量粉状杀虫剂冲进泄洪口。这还不算什么，更惊人的消息是他承认在过去10年中，这种处理泼洒和残余药剂的行为已经司空见惯。

渔业局的官员展开了进一步的调查，发现还有其他工厂也从下水道把含有杀虫剂的降雨积水和常规清洁的废水排出去。这个发现补足了推理链条的最后一环：在湖水和河水突然变成对鱼类的致命毒液的前几天，为了除去水道中的垃圾，当地用数百万加仑的高压水流把整个泄洪排水系统冲洗了一次，沙石瓦砾中累积的杀虫剂全被冲刷了出来，先流进了湖里，由此又进入河道，后来河水中的化学检测结果确认了这一切。

致命的毒物沿着科罗拉多河漂向下游，向所到之处投下一片死亡的阴影。镇湖下游140英里以内河道中的鱼类干脆绝迹了，人们用大围网捕捞的时候，一条鱼都没抓到。观察到的死鱼多达27种，每公里河道总计有1000磅鱼尸，其中包括河中主要的垂钓鱼种斑点叉尾鮰鱼，还有蓝鮰、扁头鮰、大头鱼、四种太阳鱼、小银鱼、鲦鱼、石磺鱼、大口黑鲈鱼、鲤鱼、胭脂鱼、亚口鱼，以及鳗鱼、雀鳝、鲤型亚口鱼、美洲真鳊和水牛鱼。这里面还包括一些河中的霸主，从体形上看，这些鱼一定存活了很多年——

很多扁头鲇的重量超过25磅，据说当地居民还在河边捕到过60磅重的巨型鲇鱼，官方有记录的最大蓝鲇重达84磅。

渔猎委员会预言说：即使未来不再受到污染，河中一片凄凉的景象也要持续数年。某些只生存于天然环境中的鱼种也许永远无法再生，还有一些鱼类的种群数量只能靠州政府推行大规模人工养殖才能恢复。

目前人们对奥斯汀的渔业灾难事件的了解只有这么多，但可以肯定的是，这场灾难还有余波未歇。有毒的河水向下游蔓延200英里后仍具有致命的毒力。人们认为这些河水排入马塔戈达海湾会对牡蛎和虾类的养殖场造成威胁，于是就把河水引入了开阔的墨西哥湾水域中。那么随之而来的后果又将如何？假如有20条携带着毒物的河流汇入海洋，后果又会怎样？

目前我们还只能猜测，但人们越来越担心杀虫剂可能会给水道、盐沼、海湾等其他沿岸水域带来不良影响。杀虫剂污染的河水常常直接排入这些区域，而且有些蚊虫防控项目还会直接向这些区域喷药。

佛罗里达州东岸的印第安河（Indian River）沿岸的乡村提供了一个最典型的例子，深刻表明了杀虫剂污染盐沼、河口和宁静的海湾的威力。1955年春天，圣露西村（St. Lucie County）为了消灭沙蝇的幼虫，用狄氏剂处理了2000英亩的盐沼，喷药的浓度只是每英亩1磅，对当地水生生物的影响却是灾难性的。喷药之后，州卫生委员会昆虫研究中心的科学家调查了这场屠杀，认为鱼类已经"基本灭绝"。岸边的死鱼随处可见，从空中可以观察到鲨鱼正在被这些垂死挣扎的小鱼吸引而来。没有任何物种能够免于这场杀戮。死去的鱼种包括胭脂鱼、锯盖鱼、银鲈、食蚊鱼。调查组的两位科学家哈林顿（R. W. Harrington, Jr.）和比德林梅尔（W. L. Bidlingmayer）在报告中称：

保守估计，沼泽中被农药直接杀死的鱼类总重量在20~30吨，数量约为117.5万条，至少包括30个鱼种，这还没有计入印第安河沿岸的伤亡数据。

狄氏剂似乎对软体动物没有影响。但本地的甲壳类生物已经完全灭绝了；水生螃蟹的种群受到明显伤害；招潮蟹（Fiddler crab）几乎绝迹，只在某些小块沼泽中暂时苟延残喘，显然这些地方是喷药漏掉的地方。

体形较大的垂钓鱼种和食用鱼种迅速死亡……蟹子爬到奄奄一息的鱼身上蚕食鱼肉，随即在次日中毒死亡。随后蚯蚓也来吞食死鱼的尸体。两周以后，遍地的鱼尸已经不剩一丝痕迹。

赫伯特·米尔斯博士（Herbert R. Mills）曾在佛罗里达州对岸的坦帕湾（Tamp Bay）进行过野外观察，他也发现类似的悲剧正在上演。美国国家奥杜邦协会在坦帕湾开辟了一片海鸟禁猎区，其中包括威士忌史丹基岛（Whiskey Stump Key）。但当地卫生机构开展了杀灭盐沼蚊虫的行动之后，这里陷入一片荒凉，实在不像所谓的避难所。在这个例子中，主要受害物种又是鱼和蟹。招潮蟹是一种小巧玲珑的甲壳动物，有着斑斓的背壳。它们喜欢成群结队地从泥土或沙地爬过，就像一群牛羊穿过牧场，但它们对杀虫喷雾毫无抵抗力。夏秋两季，当地又喷了几次药（有些区域竟然喷了16次），米尔斯博士这样描述招潮蟹种群的状态："能明显看出招潮蟹的数量已经遽减，照今天（10月12日）这种潮水情况和天气，这片海滩本来至少有10万只招潮蟹，但如今目力所及的范围内才有不到100只，而且要么死亡要么患病，还活着的蟹子颤抖蹒跚，几乎无法爬行。但周边没有喷药的地区却有大量的招潮蟹。"

招潮蟹是全球生态系统中不可或缺的一环，是很多动物的主要食物来源，比如生活在海岸附近的浣熊、很多种栖居在沼泽中的鸟儿（如长嘴秧鸡）、各种水鸟和偶然一至的海鸟。新泽西州也用DDT处理过盐沼，结果当地的笑鸥在几周内减少了85%，可能是喷药后找不到足够食物果腹的缘故。沼泽中的招潮蟹还有其他重要作用，比如它是一种效率很高的食腐生物，而且喜欢到处挖洞，有助于沼泽地的通风，此外招潮蟹还是渔民的重要饵料。

招潮蟹并不是杀虫剂在潮汐沼泽湿地、河口等水域威胁到的唯一生物，还有一些对人类更有直观意义的物种也危在旦夕。切萨皮克湾（Chesapeake Bay）和大西洋沿岸地区的著名物种——蓝蟹就是一个例子。这种蟹子对杀虫剂极度敏感，农药喷雾一旦落入潮汐沼泽的溪流和沟塘，就会杀死水中的大多数蓝蟹。不仅当地的蟹子会被直接毒死，而且毒物残留在水中，也会殃及从海中爬来的蓝蟹。有时中毒是一个间接的过程，比如印第安河流域沼泽中的腐食性蟹类之所以中毒死亡，是因为蚕食了濒死的鱼类。杀虫剂对龙虾的害处我们了解得不多，但龙虾和蓝蟹同属节肢动物门，生理特征基本相同，因此我们有理由相信龙虾也会受到相同的伤害。对石蟹等具备直接经济价值的食用甲壳类生物而言情况也是如此。

海湾、海峡、河口、潮汐沼泽等内陆水域是生态系统中极为重要的组成部分，与多种鱼类、软体动物、甲壳动物的生存密不可分。这些水域一旦不再适宜生物栖息，那么这些海味也就会从人类的餐桌上消失。

不少分布于沿岸水域的鱼种都要依赖没有受到破坏的内陆水域养育幼鱼。佛罗里达西岸约1/3的低地长满茂密如迷宫一般的红树林，溪流和运河在林中蜿蜒而过，大量幼小的海鲢就生活在这里。在大西洋沿岸，岛屿和"河岸"[1]之间也有不少布满沙砾的浅湾，生存着大量海鳟、黄鱼、平口鱼和石首鱼，孵化出来的幼鱼会随着潮水漂出这些浅湾，在克里塔克湾（Currituck）、帕姆利科湾（Pamlico）、博格湾（Bogue）等食物充足的海湾和海峡迅速发育。如果没有这些食料丰富的温暖水域作为发育场所，很多鱼类都无法维持现有的族群规模。这些鱼类在早期发育阶段对化学毒物的敏感度远远超过成鱼，但人类却肆无忌惮地向邻近的沼泽与河流喷洒杀虫剂，让这些沿海水域彻底受到毒物的污染。

幼虾也要依靠近海水域觅食和发育，而美国南大西洋和墨西哥湾周边诸州的商业渔业几乎完全建立在捕虾业之上。虾的习性是在海洋中产卵，但几周大的幼虾会首先游到河口与海湾之中完成蜕皮等一系列形态变化。从5、6月开始直到秋季，这些小虾一直以水底的腐屑为食。在虾类整个近岸生活的时期，河口水域的条件都会直接影响到虾的种群数量，从而决定捕虾业的繁荣

1　"河岸"指纽约南部海岸一带，露出水面的沙丘与沙地在那里连成了一条狭长的保护链，酷似一条河岸。

与否。

　　杀虫剂是否会给捕虾业和市场上的虾产品供给造成威胁？美国商业渔业局近期的一项检测给出了答案。科学家发现，刚过幼虫期的常见食用虾种对杀虫剂的耐受性极低——浓度单位只能以ppb（十亿分之一）衡量，而非常规单位ppm（百万分之一）。在某次试验中，15 ppb浓度的狄氏剂就杀死了半数的受试虾[1]。而其他化学杀虫剂的毒性更高，对各种生物都高度致命的异狄氏剂，只需要1 ppb浓度就足以杀死半数的受试虾。

　　牡蛎和蛤蜊则面临着多重威胁，这两种贝类在幼年阶段也对杀虫剂极为敏感。从新英格兰到得克萨斯等太平洋沿岸诸州的海湾、河口和潮汐沼泽，到处都有这些贝类生物的身影。虽然成年贝类不再迁移，但它们会在海中产卵，孵化出的幼贝将在海中自由漂流几个星期。夏季出海的渔船只要放下一张细密的拖网，就能捕捞到各种统称为"浮游生物"的漂流动植物，此外就是一些小巧玲珑、像玻璃般脆弱的牡蛎和蛤蜊的幼体。这些透明的幼贝不过微尘大小，在表层水面中游来游去，以微小的浮游植物为食，如果它们受到伤害，幼贝就会挨饿，但杀虫剂恰恰能够杀死大量的浮游植物。那些用于草坪、农田、城市道旁乃至沿海滩涂的除草剂，只需要几十亿分之一的浓度就会对幼贝赖以为生的浮游植物产生极高的毒性。

　　而且，只要水中含有微量的杀虫剂，就足以直接杀死幼贝，即

1　这里涉及一个概念："致死中量（LD50）"，也称半数致死量，指某种化学物质杀死一半受试对象所需要的剂量。致死中量是衡量化学物质急性毒性最重要的参数，一种物质的急性毒性越大，其致死中量就越小。此处，异狄氏剂对虾类的致死中量是 1 ppb，而狄氏剂的致死中量是 15 ppb。

使没有达到致死浓度，也会妨碍幼贝的正常发育，最终很有可能导致贝类死亡——杀虫剂延长了幼贝在危机四伏的浮游世界中的生存时间，降低了它活到成年的概率。

相比之下，成年软体动物直接中毒的危险显然更低，至少对某几种杀虫剂没有那么敏感。不过这个消息不一定令人安心，因为牡蛎和蛤蜊的消化器官和其他组织能够累积毒素，而人们食用这两种贝类的时候一般又是整个吞食，甚至不经过烹饪。美国商业渔业局的菲利普·巴特勒博士（Philip Butler）指明了一个不祥的情形：人类的处境也许与知更鸟一样——知更鸟不是被化学喷雾直接杀死的，而是因为食用了体内累积了毒素的蚯蚓。

昆虫防控项目最直观的恶果，就是河流与池塘中的大量鱼类和甲壳类生物中毒暴毙的景象。不过，那些随着溪流或河水汇入河口的杀虫剂造成的灾难或许更为深重，但人们对其所知甚少，更无法估量问题究竟有多严重。目前这个领域处处都是谜团，人们暂时找不到满意的答案。我们只知道农场和林区的地表径流将汇聚到江河干流之中，最后奔腾入海，但我们无法确定这些化学物质究竟是什么、总量又有多少。一旦化学物质泻入海洋，被海水高度稀释，以人类目前的科技手段就无法进行有效的检测。尽管我们知道，经过长期转化之后化学物质的性质一定会有所改变，但我们不知道变性之后的毒性比先前是高还是低。人类的另外一个认识盲区是这些化学物质彼此之间的物理或化学反应。海洋中存在着形形色色的矿物质，其中很多物质都有可能与这些毒物彼此混合、相互作用，所以人类亟待开展详细研究，打破这个认识盲区，然而目前拨给这个领域的研究经费却少得可怜。

淡水和咸水渔业资源与大量民众的利益与福祉息息相关，但随着化学物质逐步侵入水体，这些渔业资源显然已面临着严重威胁。如果能从每年用于喷洒毒物的费用中拨出一点点款项作为建设性研究的经费，我们就能明白如何开发低毒农药、如何从水体中清除毒物。只是，民众要到何时才能充分认清事实，要求政府采取行动？

第十章

天穹降下死亡之雨

起初，农田和林场的空中喷药规模很小，后来范围却逐渐扩大，用药量也不断增加。近日一位英国生态学家表示，农药已成为洒向地表的"骇人的死亡之雨"。人类看待有毒农药的态度发生了微妙的转变：从前，人们把这些毒药保存在绘着骷髅头的容器中，轻易不动用，即使偶尔使用，也只会朝着靶标物施放，小心翼翼地不让它沾染其他任何东西。但由于新型有机杀虫剂的面世，以及二战后飞机生产的严重过剩，这些谨慎的措施被统统抛到了九霄云外。新型农药的危险性远超过传统农药，但人类竟敢毫无顾忌地把它们从天上喷洒下来，不仅覆盖了靶标昆虫或植物，就连人类和其他一切生物都免不了受到荼毒。农药喷雾不仅洒遍了森林和农田，也覆盖了城镇和乡村。

相当多的美国民众都对那些动辄覆盖数百万英亩土地的空中喷雾项目心存疑虑，20世纪50年代末期开展的两个大规模喷药项目大大加深了他们的不安，一个是东北部各州的舞毒蛾防治项目，一个是南部各州的火蚁防治项目。这两种害虫的原产地都不在美国，但已经入侵美国多年，不过并没有造成极端危害。但在"目的决定手段"的原则指导之下，美国农业部突然开始采取极端手段剿灭这两种害虫。

舞毒蛾防控项目让我们意识到以不计后果的大规模喷药替代局部有节制的防控措施会酿成多么严重的恶果；而火蚁防治项目更是一个在夸张推测的前提下仓促行动的典型恶例——人们根本不了解消灭靶标昆虫的合适药量，也不知道喷药会对其他生物造成何种不良影响。这两个项目都没有实现预期目标。

舞毒蛾原生于欧洲，侵入美国已经100多年了。1869年，美国马萨诸塞州梅德福市（Medford）住着一位法国科学家利奥波德·特鲁维洛特（Leopold Trouvelot），他在做舞毒蛾与家蚕杂交实验之时不小心让几只舞毒蛾从实验室里逃了出来。于是这些蛾子在当地繁衍生息，渐渐遍布整个新英格兰地区。舞毒蛾最重要的扩散媒介是风，因为舞毒蛾的幼虫体态轻盈，可以随着气流高高飞起、飘到远方。此外还有一种途径，就是以休眠的蛾卵附着在植物茎叶上，随长途转运的植物传播到其他地方。舞毒蛾的幼虫以橡树这一类硬木的茎叶为食，每年春季都有几周的为害期，目前已分布于新英格兰地区的若干州。舞毒蛾在新泽西州也会周期性出现，这里的舞毒蛾是1911年随着从荷兰进口的云杉木料而带入的。密歇根州也有舞毒蛾，但入侵时间尚不明确。1938年，横扫新英格兰地区的一场飓风将舞毒蛾传播到了宾夕法尼亚州和纽约州，不过阿狄朗达克山脉（Adirondacks）种植了很多不吸引舞毒蛾的树木，构成了一道阻止舞毒蛾西进的天然屏障。

人们千方百计地将舞毒蛾的栖居范围限制在了东北部一隅。它侵入美国的100年之内，人们一直担心它会侵入阿巴拉契亚山脉以南的重要的硬木产地，但其实这种担忧从来不曾成真。美国从国外引进了13种寄生性和捕食性天敌，而且成功地让它们在英格兰地区"安家落户"。美国农业部自己也认为引进昆虫天敌的行为可喜地降低了舞毒蛾爆发的频率和破坏性，而且在1955年表示，这种自然防控方法配合检疫和局部喷药"出色地控制了舞毒蛾的传播与危害"。

虽然美国农业部当时对防控结果表示满意，但仅仅一年以后，隶属于农业部的植物害虫控制分局就开始着手筹备一项喷药计划，呼吁每年对几百万英亩土地进行地毯式喷药，以期彻底"根除"舞毒蛾（"根除"就意味着在舞毒蛾目前的蔓延范围内将其彻底灭绝，虽然接连几个项目都以失败告终，但农业部仍然觉得有必要一而再，再而三地"根除"同一个地区的舞毒蛾）。

农业部对舞毒蛾的化学战争火力全开，第一次施药从规模上看就颇具野心。1956年，宾夕法尼亚、新泽西、密歇根、纽约等州共计100万英亩的土地喷洒了杀虫剂。喷药地区的民众纷纷抱怨当地环境遭到了破坏。随着大规模喷药的模式逐步确立，环保人士也越来越忐忑不安。1957年，农业部宣布了一项对300万英亩土地喷洒农药的计划，激起了一波更为强烈的反对声浪。但从联邦到各州的农业官员都表示出一贯的轻视态度，认为民众的投诉不足为虑。

1957年，纽约的长岛地区也被纳入了舞毒蛾防治区。这里有人烟稠密的村镇和城郊，滨海区域还有盐沼星布。长岛地区的纳苏县（Nassau County）是本州除纽约市之外人口密度最大的一处城镇。当时流传的一个荒谬说法"纽约闹市饱受舞毒蛾侵扰之苦"竟然被视为这个喷药项目最重要的依据。舞毒蛾是一种森林昆虫，自然不可能出现在城市里，也不可能生活在草甸、农田、花圃或沼泽当中。然而在1957年，美国农业部和纽约农业与市场部还是联合派遣了喷药飞机，向城市里洒下了预先配好的DDT油液，而且对所有区域一视同仁——油滴落入了菜园、奶牛场、鱼塘和盐沼中。当飞机喷到城郊连片的田块[1]时，油滴还浸湿了一名家庭主妇的衣衫，因为她正拼命赶在轰鸣的飞机到来之前把花园遮盖起来。油滴还落在了玩耍的孩童身上，落在候车的上班族身上。锡托基特（Setauket）地区有一匹健壮的赛马从落入油滴的田渠中饮了水，10小时后就中毒倒毙。汽车上留下了药液的油斑，花朵和灌木纷纷凋萎。鸟类、鱼蟹和许多益虫也被一并杀死。

世界著名鸟类学家罗伯特·墨菲曾带领一群长岛市民向法院申请禁令，以期阻止即将在1957年实施的化学喷雾。由于一开始的申请遭到了驳回，抗议民众只得暂且忍受政府向他们头上喷洒的DDT油液，不过，民众最终通过不屈不挠的争取获得了一份永久禁令。可是由于这次喷药行动已经完成，所以法院认为申请禁令的行为"有待讨论"。案件一路上诉到美国最高法院，但最高法院拒绝受理。时任大法官威廉姆·道格拉斯强烈反对最高法院拒绝受理的决定，他认为"众多专家以及官方机构负责人的警告表明DDT喷药具有一定风险，因此本案对公众有重大意义"。

不过，长岛民众的诉讼请求还取得了一些收效，让公众注意到大规模喷洒杀虫剂已经成为一种趋势，而且认识到那些防控机构

1　美国、新西兰、澳大利亚等国的城市规划惯例是把城郊土地均匀分成小块，变成与房产配套的田产。一般一所住宅拥有一块0.25英亩的土地，居民可以在土地上自行栽种蔬菜花果等植物。

在有意漠视和侵犯业主神圣的财产权。

舞毒蛾防治项目导致乳制品与农产品污染的消息令很多人惊骇不已，华勒牧场（Waller Farm）的遭遇让这个问题暴露在了公众眼前。华勒牧场位于纽约南部的威斯特彻斯特县，占地200英亩，牧场主华勒夫人特别请求农业部官员不要在她的田产附近实施空中喷雾，因为向林木喷药必然会污染草场。她主动检查了自家田产上的舞毒蛾为害情状，并在所有染病区域进行了定点喷雾。尽管农业官员再三保证飞机不会向农场喷药，但她的产业还是被喷了两次药，此外还有两次农药漂移造成的间接污染。48小时后，华勒农场的纯种根西牛（Guernsey）产下的奶样中就检测出了14 ppm浓度的DDT污染，从草场上收集的饲草样本自然也含有DDT污染。尽管县卫生部收到了通知，但没有下令禁止这批牛奶进入市场（这不幸的一幕正是消费者权益缺乏保护的典型情景）。尽管美国食品与药品监督管理局明令禁止乳制品中有杀虫剂残留，但监管人手不足，无法彻底落实，而且这项禁令只适用于管理州际转运的货品——除非本地的农药残留标准与联邦规定量一致，否则州县两级政府官员没有遵守联邦规定的义务。事实上，他们的确很少遵守。

当地的菜农也损失惨重。不少叶菜类作物干枯凋萎、布满斑点，无法售卖。有些蔬菜含有高浓度农药残留，康奈尔大学的农业试验站就在一份豌豆样本中检测出了14~20 ppm浓度的DDT。但法律规定最高残留量不得超过7 ppm，所以菜农要么自行承受沉重的经济损失，要么冒着违法的风险售卖高残留蔬菜。因此有些菜农向法院提起诉讼，希望获得民事赔偿。

随着空中喷药的次数渐多，法院接到的诉讼书也越来越厚。其中一部分来自散布于纽约州各处的养蜂场。早在1957年这次喷药前，养蜂人就因为果园喷药（DDT）而损失惨重。一位蜂农不无讽刺地说："1953年以前，我还觉得农业部和农校推广的任何产品都是福音。"但那年5月，纽约州政府的一个大规模喷药项目让这位养蜂人损失了800多个蜂房，而且这次喷药范围极广，最后有14位蜂场老板和他一起状告州政府，要求赔偿25万美元。另一位养蜂人的400多个蜂房不幸受到1957年喷药项目的波及，飞入喷雾林区中的工蜂全数死亡（工蜂会飞到林中采蜜），即使在喷雾强度较小的蜂场区域，蜜蜂的死亡率仍然高达50%。他写道："走进5月的蜂园，却听不到蜜蜂飞舞的嗡嗡声，多么令人悲伤！"

舞毒蛾防治项目中充斥着不负责任的行动。由于租赁喷雾飞机的费用是按照加仑数而非英亩数计算的，所以飞行员根本不吝惜药力，很多土地都喷了不止一次杀虫剂。而且不少负责空中喷药的企业在本地都没有分公司，也没有遵照州政府官员的要求依法注册，因此更难以追责。这些复杂的情况导致很多蒙受直接经济损失的果农或蜂农根本找不到起诉的对象。

1957年的喷药行动酿成了一场灾难，此后这个项目被强行叫停，当局还发布了一份含糊其词的声明，表示要对此前的工作进行"评估"，还要测试替代性杀虫剂的效果。1957年接受喷药防治的土地共有350万英亩，1958年已经减少到50万英亩，而1959年至1961三年间的喷药面积一共不过100万英亩。在此期间，防控机构一定听说了长岛传来的令人不安的消息：舞毒蛾卷土重来。这项成本高昂的大规模喷药行动让民众对农业部彻底丧失了信任——此次防治本应彻底根除舞毒蛾，但到头来民众发现一切都是白费功夫。

与此同时，美国农业部负责植物害虫防控的人员已经暂时把舞毒蛾的问题抛到一边，因为他们正忙着在美国南部实施一个更加雄心勃勃的计划。农业部的油印机仍旧轻轻巧巧地印出了"根除"这个词，这一次他们在新闻通告中承诺要彻底铲除火蚁。

火蚁之所以得名，是因为它的叮咬令人感到火焰灼烧般的刺痛。第一次世界大战结束后不久，美国民众在亚拉巴马州莫比尔港（Mobile）发现了火蚁的踪迹，说明这种昆虫很可能是从南美洲传进来的。1928年，它已蔓延到了莫比尔港的郊外，随后进一步占领了美国南部大多数地区。

在火蚁侵入美国之后的40多年里，人们一直没怎么重视这种生物。火蚁数量最多的几个州之所以认为它是害虫，主要因为火蚁建造的大型巢穴——也就是超过一英尺的蚁丘，有时会妨碍大型农业机械正常作业。但全美只有两个州把它列为当地20种最重要的害虫之一，而且几乎都把它排在名单末尾。所以无论在官方还是私人看来，火蚁都不会对农作物或家畜造成多大损害。

但随着各种广谱化学杀虫剂不断面世，官方对待火蚁的态度突然发生了180度的转变。1967年，美国农业部展开了一场规模无比惊人的公众宣传活动。火蚁突然成了政府新闻宣传的攻击对象，在官方宣扬的故事中，火蚁成了南方各州农业的罪魁祸首，是杀害鸟类、家畜和人类的凶手。联邦政府与境内有火蚁存在的各州政府联手策划了一场浩大的战役，打算最终以化学农药处理南方9个州共计2000万英亩的土地。

1958年，火蚁防治项目方兴未艾，当时有一份贸易刊物兴高采烈地写道："美国农业部频频推行大规模害虫防治项目，国内杀虫剂生产商乘着东风，赚得盆丰钵满。"

不过，美国历史上没有任何一个杀虫项目像火蚁防治一样受到各方的彻底唾弃——当然，所谓"乘着东风"的杀虫剂厂家不在此列。项目受到唾弃显然罪有应得。这是大规模害虫防控历史上的一次彻底失败——计划不周、执行不力、有害无益、劳民伤财、戕害动物、让农业部失去了公信力。往这个项目中再投入任何经费都是不可理解的行为。

后来已经失信于民众的说辞，起初却争取到了国会的支持，火蚁被描绘成了一种对美国南部农业和野生动物造成严重威胁的害虫，人们指控它毁坏农作物、攻击在地面筑巢的鸟类幼崽，据说它的叮咬还会对人体健康造成严重伤害。

但是，这些指控可信吗？农业部为了争取拨款而找来了不少证人，但他们的证词与农业部关键出版物的内容并不一致。1957年，农业部印发的公报《防控作物与家畜害虫的建议农药》一文中对火蚁只是一笔带过，如果农业部真的相信自己的宣传材料的话，这可算是极大的疏漏。而且农业部1952年出版的百科年鉴的主题正是昆虫，全书洋洋洒洒50万字，却只有一小段提到了火蚁。

美国农业部宣称火蚁危害作物、攻击家畜的说法找不到任何支持的材料，而与火蚁这种生物直接打过交道的亚拉巴马州政府农业实验站经过详细研究，对这种说法提出了异议。农业站的科学家认为："总体而言，火蚁危害作物的情况极为罕见。"阿伦特博士（F. S. Arant）是亚拉巴马理工学院的昆虫学家，1961年担任美国昆虫学会主席一职。他表示手下的部门在"过去5年里没有收到任何一例有关火蚁危害农作物的报告……也没有观察到火蚁对家畜造成任何伤害"。这些科学家在田野和实验室里对火蚁进行过实际观察，他们表示火蚁主要以其他昆虫为食，而且很多都是人类认为有害的昆虫，他们曾经观察到火蚁把象甲幼虫从棉花上拖走；而火蚁建造蚁丘能够帮助土壤通风排水，因此也是一种有益的行为。亚拉巴马州科学家的这些研究成果已经被密西西比州立大学的调查结果所证实，这些证据都比农业部提供的结论更有说服力，因为后者是根据过去的研究结果或者与农民的访谈得出的结论，而农民很容易将不同种类的蚂蚁弄混。一些昆虫学家认为，随着火蚁数量不断增长，它的食谱也在逐步改变，所以几十年前的观察结果放到今天已经没有什么价值。

此外，火蚁威胁人类健康与生命的结论也需要彻底修正。为了获得民众对喷药项目的支持，美国农业部曾经赞助拍摄了一部宣传片，在片中大肆渲染火蚁叮咬造成的可怕画面。火蚁叮咬确实会产生疼痛，人们也的确应当避免被火蚁叮咬，但没必要比防备黄蜂或蜜蜂的刺蜇更小心。有些体质敏感的人的反应可能稍微严重一些，医疗文献中记录了一例疑似火蚁毒液导致的死亡，但并没有严格的证据支持。相比之下，仅在1959年这一年，美国人口统计局就记录了33例因蜂类蜇咬而导致的死亡，但没有人提议"根除"蜂类。

同样，只有从火蚁栖息的地区收集的证据才最有说服力。尽管火蚁已经在亚拉巴马州生存了40年，而且种群密度极高，但亚拉巴马州卫生部门的官员表示："当地从来没有因火蚁叮咬而导致人类死亡的案例"，并且认为火蚁叮咬而就医的行为是"偶发性的"。草坪或运动场上的蚁丘容易让儿童受到叮咬，但这显然不足以构成向几百万英亩土地喷洒大量毒物的理由。而且这种问题不难解决，找一个人用杀虫剂处理一下蚁丘就可以了。

火蚁据说也会伤害某些猎鸟，但这种说法查无实据。在这个问题上有一个人绝对有发言资格，他就是亚拉巴马州野生动物研究中心的负责人莫里斯·F.贝克博士（Dr. Maurice F. Baker）。贝克博士在火蚁研究领域浸淫多年，他给出了与农业部截然相反的意见："亚拉巴马州南部和佛罗里达州西北部一直都有很多猎物，而且北美鹑与火蚁共存于同一个地区，两个物种的数量都很惊人……火蚁侵入亚拉巴马州南部已经有近40年的时间，但在此期间鸟类数量呈现稳定增长的态势。如果火蚁确实对野生动物有着严重危害，这种情况就不可能发生。"

不过，防控火蚁的杀虫剂会给野生动植物带来怎样的厄运，那是另外一个问题了。这个项目使用了两种面世不久的新型杀虫剂：狄氏剂和七氯。两种农药都没在野外施放过，所以没人知道大规模喷药会给野生鸟类、鱼类、哺乳动物造成怎样的危害。但人们至少知道一点——这两种化学品的毒性都比DDT高几倍。DDT在当时已经使用了近10年，人们发现即使每英亩土地喷洒一磅DDT都会导致某些鸟类和鱼类死亡，但狄氏剂和七氯的施放量一般都高于这个数字，能够达到每英亩2磅的浓度，如果还要同时防控白缘甲虫（White-fringed beetle），每英亩就会用到3磅狄氏剂。如果以对鸟类的毒性来衡量，那么七氯的喷药量相当于在每英亩土地中施放了20磅DDT，狄氏剂更相当于120磅DDT！

于是，当地自然保护部门、国家环保机构甚至一些昆虫学家纷纷提出紧急抗议，呼吁时任农业部秘书长埃兹拉·本森（Ezra Benson）推迟实施这个项目，至少要等七氯和狄氏剂作用于野生动物和家畜的毒理学研究结束之后再进行，这样科学家就可以找到防控火蚁的最低剂量。但这些抗议都被置之不理，1958年，防控计划如期实施。第一年有100万英亩土地接受了喷药处理。很明显，如今再开展任何研究都为时已晚。

在防治项目逐步展开的同时，联邦与州级野生动植物研究机构和一些高校的生物学家逐渐得出了结论。研究显示，某些喷药区域的野生动植物遭受了严重破坏，甚至被彻底屠杀一空，就连家禽、家畜和宠物也难逃厄运。但农业部把这些证据一概斥为夸大之词和误导性的谣传，将之一笔勾销。

然而证据在不停累积着，得克萨斯州的哈丁镇（Hardin County）上的负鼠、犰狳以及数量极多的浣熊在喷药之后已经彻底绝迹。即使到了次年秋天，这些动物还是相当稀少，而且当地幸存下来的寥寥几只浣熊体内也残留着化学毒物。

人们对喷药地区的鸟尸进行了化学检测，发现它们显然直接吞食或间接吸收了本用于杀灭火蚁的毒剂（家雀是当地唯一幸存的鸟类，结合其他地区的证据来看，这种鸟儿可能有一定免疫力）。1959年，亚拉巴马州的一大片土地上喷了杀灭火蚁的农药，结果一半的鸟儿都被杀死了。而那些喜欢在地面生活或经常以低矮植物为食的鸟儿的死亡率则达到了100%。就算喷药之后已经过了一整年，春天的鸣禽依然不知所终，很多环境非常理想的筑巢地也悄无声息、一片空荡。得克萨斯州的人们在鸟巢里发现了死去的黑鹂和美洲雀，还有很多废弃的鸟巢。人们把从得克萨斯州、路易斯安那州、亚拉巴马州、佐治亚州、佛罗里达州收集到的鸟尸标本送到了鱼类和野生动物管理局做检测，结果发现90%以上的鸟儿尸体中要么残留着狄氏剂，要么残留着七氯或者七氯的代谢物，而且浓度高达38 ppm。

山鹬的习性是在路易斯安那州过冬，但在北方产卵。如今科学家也从这些鸟儿的体内检测出了火蚁杀虫剂的污染，所以污染源在哪里显然一清二楚。山鹬主要以蚯蚓为食，觅食的时候会用长长的喙在土中翻找不休。喷药6~10个月后，人们从路易斯安那州幸存的蚯蚓体内检测出了高达20 ppm的七氯，一年之后的浓度仍然高达10 ppm。山鹬体内的杀虫剂浓度虽然不足以致死，但毒素侵蚀的严重后果已逐渐显现——山鹬的生育率在火蚁防治项目结束后的一个季度中下降得非常严重。

而北美鹑种群规模的剧变最让南方狩猎者苦恼不已。这种鸟喜欢在地面筑巢和觅食，因此在喷过药的区域中几乎绝迹了。亚拉巴马州的喷药行动开始之前，当地野生动物联合研究中心的生物学家初步统计了3600英亩的一片土地上的北美鹑数量。这里原本生活着13个北美鹑群落，共计121只个体。但喷药后不过两个星期，目之所及只有遍地的鸟尸。鱼类和野生动物管理局在收到的鸟类标本中检测出了足以致死的高浓度杀虫剂残留。得克萨斯的研究结果与亚拉巴马如出一辙，当地有2500英亩的土地喷过了七氯，导致喷药范围内的北美鹑全部死亡，与鹑类一同死亡的还有90%的鸣禽，这些鸟儿的体内也都检测出了七氯的残留。

除了北美鹑，野火鸡的数量也锐减下去。喷洒七氯之前，亚拉巴马州威尔考克斯县（Wilcox County）的某一地区生活着80只野火鸡，但在喷药后的那个夏季全部销声匿迹，只留下一窝未孵化的蛋和一只死火鸡。野生火鸡也许与人工养殖的火鸡遭到了同样的厄运，因为喷药地区的农场中饲养的火鸡生不出幼崽，能孵化的蛋极少，几乎没有小火鸡能幸存下来。而附近没喷过药的地区则没有这个问题。

厄运不仅降临在火鸡头上。美国著名野生动物学家克莱伦斯·科塔姆（Clarence Cottam）博士走访过喷药地区的农户，发现除了"树上的小鸟"在喷药后销声匿迹之外，家禽、家畜和宠物也普遍受到了伤害。科塔姆博士记载：有一位农人"对喷药人员尤其恼怒，因为他前后埋葬（或以其他方式处理）了自家农场19头被毒死的母牛，他还听说别人家里有三四头牛也是因为喷洒农药才中毒死亡的。刚生下来只会吃奶的小牛犊也都纷纷死去"。

科塔姆博士走访的对象都对喷药后几个月发生的咄咄怪事感到迷惑不解。一位女士说，地上覆盖着药粉的时候，她把几只母鸡从鸡舍里放出来过，"不知什么原因，从此之后她发现很少有小鸡崽孵出来，孵出来也养不活"。另一位受访者是"养猪的农户，在喷药后整整9个月里连一只猪崽也没养活，小崽不是胎死腹中，就是出生后很快夭折"。另一位农民也报告了类似的情况——他家的猪群生了37胎小猪，共250只猪崽，但最后只存活了31只。他还说喷药之后几乎再也孵不出小鸡了。

虽然农业部多次否认家畜的死亡与火蚁防治项目有关，但佐治亚州班布里奇市（Bainbridge）的一名兽医欧蒂斯·波特文博士（Otis L. Poitevint）在诊治了许多受感染的动物之后得出了一项结论：杀虫剂就是致死的元凶。他的理由如下：火蚁防控项目实施后的两周至几个月后，当地的牛、山羊、马、鸡、鸟类以及其他野生动物种群突然暴发了一种通常足以致命的神经系统疾病。不过，发病的只是那些摄入了受污染食料和饮水的动物，圈养的牲畜则不受影响。而且这种情况只发生在火蚁防治项目喷过药的地区，实验室检测也没有发现家畜患有任何疾病。波特文博士和其他兽医观察到的症状与权威文献中记载的狄氏剂与七氯中毒症状完全相符。

波特文博士还描述过一个饶有趣味的案例：一只刚满两个月的小牛犊出现了七氯中毒的症状，后来它被送到实验室进行全面检测，发现唯一的异常是脂肪组织含有浓度高达79 ppm的七氯。但小牛犊中毒之际，喷药已经结束5个月了，它体内的毒质从何而来？是从草料中直接摄入、通过母牛的乳汁间接摄入，还是在出生之前就已经累积于体内？波特文先生问道："如果毒素是从母牛的乳汁中摄入的，那么我们为什么不采取预防措施保护我们的孩子呢？他们可是在饮用当地牧场出产的牛奶啊。"

波特文先生的报告提出了牛奶污染的严峻问题。火蚁防治项目覆盖的范围主要包括原野和农田。那么在草场上啃食青草的奶牛如何才能免于沾染毒物？喷药地区的青草中必然残留着七氯或七氯的衍生物，一旦母牛摄入这种食料，牛奶中就会累积毒素。早在防控项目实施前的1955年，科学实验就已证实七氯可以直接传导到动物的乳汁里，后来人们又发现狄氏剂也有这种特性，而这两种化学物质都用在了火蚁防控项目中。

如今，美国农业部每年出版的公开文件都会将七氯和狄氏剂列为"不宜处理奶业或屠宰业饲料植物"的农药，但某些农业部下属防控部门在美国南部推广的一些项目却仍在向辽阔的牧场区域喷洒着七氯和狄氏剂。那么，有谁来保护消费者的权益？有谁来确保牛奶中不会残留狄氏剂或者七氯？美国农业部肯定会如此搪塞：我们已经建议农户在草场喷药后的30~90天内不要把奶牛赶出去放牧。但很多农场的规模都不大，而防控项目动不动就用飞机漫天喷药，那么这项建议能不能落实到位实在值得怀疑，而且这个"30~90天"的时间段与农药漫长的分解期相比也实在太短了。

尽管美国食品与药品监督管理局严禁牛奶中存在杀虫剂残留，但管理局权力有限。实施火蚁防控项目的几个州的奶业规模都不大，产品也多由本地市场消化，所以联邦防治项目造成的烂摊子反而要留给州政府收拾。1959年，亚拉巴马州、路易斯安那州、得克萨斯州的卫生部门及相关机构的官员接受了一次调查，调查显示官方根本没有开展相关检测，也无从得知牛奶是否已经遭受杀虫剂的污染。

有些关于七氯特性的研究实验在防控项目实施前就已经开始，如今陆续得出了结果——更准确的说法是，有人查阅了已经出版的文献，发现如今促使联邦政府亡羊补牢的某些事实信息，其实早在几年前就有人发现过，而且本该影响到整个火蚁防控项目的安排与实施。这个信息就是：残留在动植物组织或者土壤中的七氯将在短期内生成一种毒性更高的衍生物——环氧七氯（一般认为它是七氯经大气降解而产生的氧化物）。人们早在1952年就已经知道有这种转化过程了，当时食品和药品监督管理局发现雌性大鼠在摄入30 ppm七氯的两周后会在体内累积165 ppm的环氧七氯，而且后者的毒性更强。

1959年，人们从蒙尘已久的生物学文献中发现了这个事实，于是食品和药品监督管理局颁布规定，严禁食物中残留任何七氯或七氯的环氧衍生物。这一举措给火蚁防控项目泼了一盆冷水，尽管农业部还在继续催讨每年划拨给火蚁防控项目的经费，但地方农业机构已经越来越不愿让农民喷洒杀虫剂，因为这可能导致本地农产品质量不过关，无法上市。

简言之，农业部在推行这个项目之前，根本没对这种化学药剂做过哪怕最初步的调查——也有可能调查过了，但故意忽略了调查结果。农业部也没有做过关于施药最低剂量的最基础的研究。在持续3年的大剂量喷药后，1959年，农业部突然把七氯的用量从每英亩2磅减到了1.25磅。后来又降到了0.5磅，而且还分为两次施放，每次0.25磅，两次施药之间还要相隔3~6个月。农业部官员解释说，这是一项"经过了锐意改革的改进项目"，因为小剂量喷药仍旧有效。如果我们在项目实施之前能够掌握这些信息，那么这些破坏就不会发生，纳税人也不必白白付出这么大一笔资金。

也许是为了安抚防控项目激发的不满，农业部在1959年开始向得克萨斯州的土地业主免费赠送农药，但条件是签署一份文件，表明联邦、州政府和当地政府对造成的损害不负任何责任。同年，亚拉巴马州政府对化学药物造成的破坏感到无比震惊和愤怒，拒绝继续为此项目拨款。当地一名官员将整个项目斥为"一项考虑不周、规划失当的行动，严重践踏了公共机构与私人的权利"。虽然少了州政府的拨款，但联邦政府的经费仍在慢慢流入亚拉巴马州，到了1961年，农业部又一次说服了州立法机构，为这个项目划拨了一小笔款项。与此同时，路易斯安那州的农民越来越不愿意支持这个项目，因为杀灭火蚁的化学药品造成了甘蔗害虫的大爆发。而最令人沮丧的问题在于，整个项目显然毫无成效。1962年春天，路易斯安那州立大学农业实验站昆虫研究项目的负责人纽森博士（L. D. Newsom）言简意赅地描绘了项目的成果："现在看来，联邦与州级机构对入侵火蚁展开的'根除'计划彻底以失败告终，火蚁肆虐的土地面积比先前更大。"

人们似乎开始转而采取更为理智而保守的杀虫方式。佛罗里达州的报告中提道："目前本州的火蚁数量比防控项目开始前还多。"所以也宣布弃用任何大规模清除计划，转而采用局部防控。

其实人们早就知道各种更有效、更经济的局部防控手段。火蚁有建筑蚁丘的习性，所以人们向蚁丘单独喷药就可以了，这种防治手段的成本每英亩才1美元上下。如果是蚁丘集中的地区，机械化喷药就是很理想的防控方式，密西西比州农业试验站已经研制出了一种先把蚁丘铲平，再向巢穴内部直接喷药的机器，能够消灭90%~95%的火蚁，而成本只需每英亩0.23美元。而农业部实施的大型防控项目的成本却是每英亩3.5美元，显然是耗资最高、危害最大，但效果最差的一种方式。

第十一章

超乎波吉亚家族的想象

这个世界蒙受污染的渠道多种多样，大规模喷药只是其中一种而已。大多数人都在日复一日、年复一年地接触小剂量污染物，其实这种方式对人体的危害更甚于大规模喷药——反复接触有毒物质的过程如同滴水穿石，最终酿成的灾难超乎想象。无论每一次接触的剂量多么微小，化学毒质都会在人体中累积、贮存，直到引发慢性中毒。除非生活在世外桃源之中，否则无人能够避免环境中无处不在的污染物。在潜移默化的广告效应和商人巧舌如簧的劝诱下，普通人很难意识到身边已经充满了致命的毒物，的确——他们甚至都不知道自己正在使用的物质就是毒药。

这是一个不折不扣的"毒物时代"。随便一家农药店出售的化学物质都比隔壁药店的药剂毒性更高，而且药店还会让你在"毒物登记簿"上签字，但顾客在农药店里竟然不会受到任何盘问。走进任何一家超市盘桓几分钟，见到的景象足以让最胆大的顾客惊骇万分——如果他对面前的农药有最基本的了解的话。

如果杀虫剂货架上挂着巨大的骷髅头和交叉腿骨的有毒标志，那么顾客可能会对这些剧毒物质表现出一点应有的忌惮。但实际情况恰恰相反，货架的陈设风格无比温馨悦目，隔壁的货架上摆着黄瓜和橄榄，有时还有洗衣皂和香皂。一排排货架上摆满琳琅满目的杀虫剂，好奇的小孩子伸伸手就能摸到装着化学毒剂的玻璃瓶。如果儿童或者粗心的成人不小心打碎一个瓶子，足以让人瞬间陷入痉挛的化学药剂就会溅到周围所有人的身上。买农药的人自然也把这种风险带回了家，例如防虫蛀的DDD农药的瓶身上就有漂亮的字体警告说：本容器为高压产品，受热或遇明火有爆炸危险。氯丹是一种常见的家用杀虫剂，用途很多，包括用于厨房区域的除虫，但食品和药品监督管理局的首席药理学家却表示，在喷过氯丹的房屋内居住的风险"极高"。另外一些家用杀虫剂中还含有毒性更高的狄氏剂。

厨房里的毒药不但便于使用，而且设计得令人赏心悦目。五彩缤纷的厨用架子纸可能两面都浸满了杀虫剂，农药厂商提供了除虫DIY手册，我们只要轻轻一按，就可以把一团狄氏剂气雾喷到橱柜、墙根、防撞板等清扫不便的角落里。

人类用无数种搽在皮肤上的乳膏、驱虫霜和喷在衣物上的驱虫剂来解决蚊虫叮咬的问题。尽管我们都听过那些警告（比如有些杀虫剂溶于油漆、颜料和合成纤维），却仍然一厢情愿地觉得杀虫剂透不过人类的肌肤。为了满足民众随时随地杀虫的需要，纽约有一家商店别出心裁地推出了一种便携式杀虫盒，让我们可以方便地给钱包、海滨露营器材、高尔夫装备或渔具驱虫。

我们可以给屋门涂上杀虫药蜡，让任何从门上爬过的昆虫死无葬身之地。还可以把浸透杀虫剂林丹的布条挂在衣柜和睡袋里，或者放在办公室抽屉里，这样至少半年时间不必担心虫蛀。但农药广告从来不会告诉我们林丹究竟多危险，林丹气雾机的广告更是语焉不详——我们对林丹的印象仅止于"安全无味"，但事实绝非如此，美国医学协会认为林丹挥发物危险性极高，还在协会的刊物上发起了抵制林丹气雾机的活动。

美国农业部在《家用及园用杀虫剂公告》中建议民众使用溶于油液的DDT、狄氏剂、氯丹等多种杀蛾剂处理衣物。如果喷雾过量，在衣物上留下了杀虫剂的白斑，只需用小刷子刷净就好了。但农业部却没有警告我们要小心操作，没有告诉我们应该在什么地方刷、怎么刷。一日即将结束，我们还是免不了和杀虫剂打交道，因为夜里盖在身上的防蛀毯也浸满了狄氏剂。

园艺现在已经和剧毒物质密不可分。任何一家五金店、园艺用品店和超市的货架上都摆满了杀虫剂，悉心满足任何园艺工作的需要。报纸的园艺版面与那些园艺杂志的口径出奇地一致，都觉得使用毒雾和毒粉理所应当。如果莳花弄草的人不愿大肆喷药，反而显得自己太不上心了。

1960年，佛罗里达州的居民甚至开始向草坪和景观植物大肆喷洒可急性致死的有机磷高毒杀虫剂。州政府的卫生委员会终于觉得有必要发布禁令，任何人未经许可（并达到某些标准）都不准向居民区提供商业性杀虫服务。但在这项禁令颁布之前，佛罗里达州早已出现多起对硫磷中毒致死案例。

然而政府并没有向拥有花园和房产的业主提出警告，他们不知道自己正在和极端危险的化学物质打交道。相反，各种新奇的喷药设备层出不穷，往草坪和花园上倾倒毒物变得越来越容易——料理花草的人接触毒物的可能性越来越大。业主可能会买一个安装在花园水管上的喷药罐,于是氯丹、狄氏剂等剧毒农药就随着流水洒满整片草坪。不仅浇水的人可能中毒,更可能危及公共安全。《纽约时报》觉得有必要在园艺版面发布这样一份警告:除非已经装有特殊保护设备,否则剧毒农药会因水管的虹吸作用而进入公共供水系统。鉴于这种装置已经广为使用,而这种警告又如此稀少,我们还需要对公共水体遭受污染的消息感到诧异吗?

下面这个例子能够说明莳弄花草的人是如何受害的:有一位狂热爱好园艺的医生,每周都会定期给小树丛和草坪喷农药,一开始用的是DDT,后来换成了马拉硫磷。他有时用手持喷雾器喷药,有时用软管上的装置喷药,药雾常常打湿他的皮肤和衣物。大约一年后他突然病倒入院,活体组织检查显示他的脂肪组织中积累了23 ppm DDT。他的神经系统已经大面积受损,主治医师认为这种损伤是永久性的。他逐渐消瘦下去,而且非常容易疲劳,还出现了肌肉无力的现象,这是典型的马拉硫磷中毒的症状。这些症状犹如附骨之疽,让他再也无法行医了。

除了花园水管之外,电动割草机也纷纷加装了喷洒杀虫剂的装置。人们推着机器修剪草坪,这个设备就会散发出农药气雾。各色杀虫剂被打成均匀的微粒,混在割草机的有害废气中散播开来,加重了郊区的空气污染——甚至比城区的情况还糟糕。

不过,关于园艺喷药的狂热风潮究竟会不会带来风险、家用杀虫剂又是否会对人体造成危害,人们总是讳莫如深。农药标签上的警告故意写得很小,没人会去仔细阅读,更谈不上遵照说明书使用。一家工业企业最近调查了100位用过杀虫剂气雾剂和喷雾器的居民，只有不到15位表示自己注意到了标签上的警告。

如今，美国郊区居民已经形成了一种原则：无论付出多大代价，誓将马唐斩草除根。摆在庭院里的除草剂几乎成了阶级地位的体现。这些用于消灭杂草的化学物质顶着千奇百怪的药品名出售，单从名字根本看不出它们的化学属性。人们得在包装上最不显眼的地方找到那几段过分细小的印刷体，才能知道这种农药当中含有氯丹或者狄氏剂。五金店或园艺用品店里的药品说明书绝对不会告诉你这些化学物质的真正危害，它们一般都描绘了一幅其乐融融的画面：父子二人笑盈盈地准备给草坪喷农药，儿童和宠物狗正在草坪上打滚嬉戏。

"食物中的化学残留"目前已成了民众讨论的白热化主题，但农药生产行业要么认为残留问题并不突出，要么干脆直接否认。而且现在社会上存在一种强烈的倾向，就是给那些坚持要求食物中不得残留任何杀虫剂的人扣上"盲从"或"迷信"的大帽子。那么，拨开众说纷纭的迷雾，事实的真相又是什么呢？

我们仅靠常识判断就可以知道，在DDT面世之前（1942年前后）死去的人类的遗体不会含有任何DDT或任何类似化学物质，这一点在医学上得到了证实。我们在第三章中提到，1954年至1956年采集的人体脂肪组织样品经过检测，发现样品中平均含有5.3~7.4 ppm 浓度的DDT。有证据表明这一数据正在不断上涨，有些人因为职业需要等原因经常接触杀虫剂，他们体内的毒素浓度自然也更高。

至于那些从未大量接触过杀虫剂的普通人，我们不妨假定他们体内累积的DDT是通过饮食摄入的。为了验证这个假设，美国公共卫生局的研究团队对各家餐馆和机构食堂进行了抽样检测，结果发现每一份食物样品都含有DDT。所以调查者有充分的理由得出以下结论："可以信赖其彻底免于DDT污染的食物寥寥无几。"

有些食物的DDT残留量极为惊人。美国公共卫生局针对监狱饭食单独开展的另一项研究发现，受测的炖干果样品里残留了69.6 ppm的DDT，而面包样品中的残留量更高达100.9 ppm！

在家庭日常饮食当中，肉类以及任何由动物脂肪制成的食品中的氯化烃类农药残留量最高，原因在于这些化学物质易溶于脂肪。而蔬菜和水果中的残留相对较少，冲洗的效果非常有限——唯一有效的措施是剥掉莴笋、卷心菜外边的几层叶子、水果去皮，而且绝对不要食用果皮或任何外壳。即使是高温烹饪也无法破坏农药残留。

牛奶是美国食品和药品监督管理局明文规定的几种严禁含有杀虫剂残留的食品之一。但事实情况是：无论何时抽查，总能检测出农药残留。黄油等精制乳类产品的残留量是最高的。1960年，当局检查了461份乳制品，发现1/3的产品都含有农药残留，食品和药品监督管理局表示情况"远称不上乐观"。

看来，如果想要享用不含DDT或其他农药的食物，只能躲到化外之地，躲到享受不到文明福祉的蛮荒之中了。地球上仍然存在这种偏远的角落，比如阿拉斯加的北极海岸一带——但即使在这里，我们也能看到杀虫剂的阴影正在逼近。科学家调查了当地因纽特人的食物，没有发现杀虫剂的残留。无论是鲜鱼、鱼干，或是从海狸、白鲸、驯鹿、麋鹿、海豹、北极熊、海象身上取得的油脂或肉类，还是蔓越莓、美洲树莓、野大黄等植物，都没有遭到污染。

只有一个例外——从两只来自波因特霍普市（Point Hope）的白猫头鹰体内检测出了少量DDT残留，可能是在迁徙途中摄入的。

而在检测因纽特人的脂肪样本时，然而，科学家在因纽特人的脂肪样本中检测出了低量DDT残留（0~1.9 ppm）。污染源非常清晰，因为全部含有残留的样本都来自那些离开过原生村落、在安克雷奇市（Anchorage）的美国公共卫生署下属医院做过手术的人。一旦住院，就无法避免文明侵入的痕迹，这家医院的病号餐中含有的DDT浓度和大都市的医院不相上下。这些因纽特人短暂造访了文明社会，带走的礼物却是体内的残毒。

事实上，我们吃下的每一餐都含有一定量的氯化烃农药，这是农作物广泛喷药后必然产生的后果。如果农民可以谨慎遵守标签上的用药说明，那么作物中的农药残留就不会超过食品和药品监督管理局规定的标准。我们暂且不考虑这些法定残留量是否真的那么"安全"，但我们知道农民的喷药行为常常很不规范，比如超量喷药、喷药的时间离收获期太近、明明只需使用一种杀虫剂却要用好几种，这些行为都表示他们其实并没有在意那些细小的警示。

连农药生产商也承认农民存在着滥用杀虫剂的情况，而且也认为需要对农民进行培训。一份业内领先的农药贸易杂志近来表示："很多农户似乎不明白，用药一旦超过推荐剂量，就等于超过了人体能够承受的剂量。农民经常一时兴起就向作物胡乱施药，这是非常危险的行为。"

美国食品和药品监督管理局的卷宗中关于类似违规操作的记录多得骇人。随便举几个例子就能说明农药滥用已经严重到了何种地步：一名种植莴笋的农民在收获期将近的时候往田里喷了8种杀虫剂；一名运货的人以5倍于规定剂量上限的浓度向芹菜喷洒了致命的对硫磷；还有人使用异狄氏剂（毒性最高的一种氯化烃类农药）处理莴笋，但莴笋中本来不准含有任何异狄氏剂残留；在离收割日只有一周的时候，有人还在往菠菜田里喷洒DDT。

此外也有一些因疏忽而造成的污染。有一大批粗麻袋盛装的绿咖啡豆遭到了农药污染，原因是运货车上也装载了一批杀虫剂。贮藏包装食品的仓库要用DDT、林丹等杀虫剂气雾来防虫，因此农药可能穿透包装，污染食物，留下骇人的农药残留量。食品贮存得越久，就越有可能受到污染。

有人会问："难道政府不应该保护我们吗？"可惜政府能做的也很有限。食品与药品监督管理局原本可以保护消费者免于杀虫剂的伤害，但存在两个掣肘的因素，首先，管理局只有权过问州际贸易运输的食品，地方各州种植和售卖的食品无论违规多么严重，也不在其管辖范围内。第二个因素最关键：监管人手实在太少——管理局要负责形形色色的监察工作，但所有办事员加起来还不足600人。管理局的一名官员表示，在现有设备条件下，他们只能对州际贸易的农作物产品抽取极少的一部分（远远不到1%）进行检查，这样的检查结果是没有统计学意义的。而州政府对本地食品的监管就更差了，美国多数州府在这方面根本没有完善的法律条文。

食品与药物监督管理局设立的农药污染最大容许标准（称为"容许量"）存在明显缺陷。而且目前杀虫剂滥用成风，这种规定不过是一纸空文，只能提供虚假安慰，好像只要设立了安全标准，人们就能严格遵守。至于向食物喷洒农药的行为究竟安不安全（这种食物上洒一点，那种食物上洒一点），很多人都提出了充分的理由，认为食物中但凡存在毒物，就是不安全的，他们也不想接受任何一点毒物残留。于是食品和药品监督管理局重新审查了农药实验的结果，以受试动物产生中毒症状的剂量为标准，确定了一个比它低很多的最大污染容许量。建立这个体系的初衷是为了保护消费者的人身安全，但它在制定的时候忽视了很多重要的事实：受试动物是在高度人为可控的条件下一次性摄入规定量的化学药剂，这和人类接触杀虫剂的真实情况完全不同。人类的摄入模式是反复多次的，当事人在多数情况下毫无察觉，而且每次的摄入量既无法计算，也不可控制。举例来说，就算一个人午餐沙拉里的莴笋残留了7 ppm DDT是"安全"的，但这一餐还包括其他的食物，每种食物都含有一定量的农药残留。而且我们已经知道，从食物中摄入的农药只是人一生中接触的农药总量的一部分而已，可能还只是极小的一部分，多种渠道摄入的农药在人体内会累积成难以衡量的总剂量，因此，单独谈论任何一种食物残毒的"安全剂量"都是毫无意义的。

此外，这个体系还有其他缺陷。有时已经设置好的容许量可能与管理局科学家后来做出的更为准确的判断自相矛盾（后文会有引证），或者说，这些容许量只是根据对农药特性不甚完善的了解而制定的。有时甚至在民众已经暴露于危险剂量几个月乃至几年之后，科学家才进一步弄清了这种药物的性质，并相应降低乃至直接撤销了容许量，例如七氯就被撤销了先前的容许量，变成了"零容许"。某些化学品在注册上市之前没有任何野外应用分析数据，让检验药物残留的研究人员常常手足无措，比如检查"蔓越莓农药"——氨基三唑（Aminotriazole）残留物的时候就碰到了类似的困难。而且，对于某些广泛用于种子处理的杀菌剂，目前的分析手段也十分匮乏，但春耕结束后剩下的种子却极有可能成为人们的盘中餐。

实际上，设置容许量就等于光明正大地允许有毒物质污染民众的粮食供应，一边让农民和农产品加工商享受着低成本生产带来的利润，一边还要惩罚消费者——让他们花着税金供养着监管部门，确保自己摄入的毒药不至于达到致死剂量。但是，目前农药的用量之多、毒性之高导致监管难度奇高无比，没有任何一位议员有胆量拨出这么一大笔监管经费。到头来，不幸的消费者付了高昂的税金，却仍旧无法避开饮食中的残毒。

那么，这个问题应该如何解决？首先应当撤销氯化烃、有机磷等高毒农药的容许量。这个方案显然会立即遭到反对，因为农民的负担马上就会高到难以承受的地步。不过，既然如今我们已经树立了一些目标，比如保证蔬果喷药的残留量不超过7 ppm（DDT的容许量）、1 ppm（对硫磷的容许量），甚至仅有0.1 ppm（狄氏剂的容许量），那么我们为什么不能再小心一点，杜绝蔬果上的农药残留呢？其实零残留正是七氯、异狄氏剂、狄氏剂等农药在某一些作物上的容许量。如果这些目标能够实现，那么我们为何不能对所有作物一视同仁？

不过，撤销容许量并不是一劳永逸的解决方案，纸上谈兵的零残留毫无价值可言。正如前文所述，如今美国99%以上的州际食品运输无法监管，因此解决问题的另一个关键就在于提高食品和药品监督管理局的警觉性和积极性，此外也要大量增加监管人手。

目前这一套先下毒后监管的体系让人想到英国作家刘易斯·卡罗尔[1]笔下"白骑士"[2]的荒唐计划：先把胡子染成绿色，然后拿一柄巨大的扇子挡在面前，这样别人就什么也看不到了。最终的解决方案应当是使用低毒农药，这样就算滥用现象仍然存在，公众面临的危险也要小得多。其实这种化学物质已经存在——也就是除虫菊酯、鱼藤酮、鱼尼丁这一类从植物中提取的物质。能够替代除虫菊酯的合成化学品最近也已经研制成功，生产这些化学品的国家也在瞄准市场需求，准备随时增加天然农药的产量。而且目前公众对市场上的化学农药的了解少得可怜，亟待针对化学品的基本性质进行扫盲教育。五花八门的杀虫剂、杀菌剂、除草剂品牌让普通顾客晕头转向，搞不清哪些是致命毒剂，哪些又是相对安全的药物。

除了转而使用低毒农药之外，我们还应努力探索非化学防控手段的可能。现在加利福尼亚州正在试验一种细菌防控方法，也即利用对农业害虫有高度特异性的细菌来引发昆虫疾病，实现防治目的。其他类似的生物防治方法也已经处于实验阶段。此外还有很多有效的防控方法都不会在食物上留下残毒，我们在第十七章中还会讲到。只有等到这些方法大规模替代了陈旧方法之后，我们才能摆脱目前这种以常识衡量绝对无可容忍的糟糕现状。从如今的形势来看，我们的处境显然不比波吉亚家族的客人好到哪里去。

1　刘易斯·卡罗尔（Lewis Carroll）：英国数学家、逻辑学家、童话作家、牧师、摄影师。著名童话《爱丽丝梦游仙境》的作者。

2　白骑士是《爱丽丝梦游仙境》中的虚构人物，聪明但疯疯癫癫，经常提出一些匪夷所思的建议。

第十二章

人类付出的代价

工业时代催生的化学品狂潮席卷了整个自然环境，公共健康问题的性质已然大变。似乎昨天人类还生活在对水痘、霍乱、鼠疫等传染病的恐惧之中，这些疾病曾让各个民族毫无还手之力，但如今已经不足为惧——随着卫生和居住条件逐渐改善、新型药物不断面世，人类已经基本掌控了这些传染病。如今我们更担心的是自然环境中潜藏着的另一种危险——由现代人类不断演变的生活方式而催生的威胁。

现代人的生存环境中存在种种全新的健康隐患——各种各样的辐射、层出不穷的新兴化学品，其中就包括遍及全球、直接或间接作用于全体人类的杀虫剂。它们无形无质，却向世界投下了不祥的阴影；虽然我们无法预测终生接触这些有毒物质会给人体造成怎样的伤害（因为人类从未有过这种体验），但这种伤害必定不容小视。

美国公共卫生署的大卫·普莱斯博士（David Price）说道："我们生活在一种如影随形的恐惧中，担心环境情况恶化到了某个程度，人类就会像恐龙一样灭绝。而且，一想到我们的命运很可能在病发之前的20多年就已注定，我们就会越发忐忑不安。"

那么，杀虫剂又与环境疾病有什么关系？我们知道，杀虫剂已经污染了土壤、水源和食物，杀死了河流中的游鱼，让花园和林场中再也没有鸟儿的歌唱。无论人类如何妄想自己主宰了大自然，他都只是隶属于大自然的一个物种而已。如果自然环境彻底遭到了污染，人类还能逃去何方？

如果化学物质浓度够高，即使单次接触也有可能引发严重中毒，但这并不是最主要的问题。我们都听过农民、喷雾工人、飞行员接触大量杀虫剂而暴病身亡的消息——这些悲剧当然不该重演，但从人类整体的角度来看，我们必须知道：人体长期少量吸收环境中的杀虫剂，最终会引发怎样的慢性疾病？

一些负责的公共卫生部官员指出：化学物质对人体生理的不良影响将长期累积，个体面临的风险有所差异，具体取决于个体终生吸收化学物质的总量。但也正因如此，这种危险才更容易被人轻视。人性本来就喜欢对看似渺茫遥远的危险置之不理。一位睿智的医生勒内·杜博思（René Dubos）博士曾经说过："我们总是关注最表象、最明显的病症，却不知最可怕的疾病已经悄然侵入，这是人之本性罢了。"

人类之所以沦落到和密歇根州的知更鸟、米拉米奇河中的鲑鱼一样的境地，就是因为物种间相互关联、相互依存的生态系统出了问题。我们本来要毒杀河流中的石蝇，却扼杀了洄游的鲑鱼；我们本来要消灭湖中的蚋虫，但喷洒的毒液沿着食物链缓缓累积，让湖边的鸟儿成了牺牲品；我们本来只是打算向榆树喷喷药，但来年春天却再也听不到知更鸟的歌声——我们现在了解了背后的机理：其实药剂没有直接喷到知更鸟身上，而是通过榆叶——蚯蚓——知更鸟的食物链向上逐层传递。这些案例都有着详细的记录，我们也可以在身边直接观察到相似的情形。它们揭示了如今被科学家称为"生态系统"的生命（或死亡）之网的存在。

我们每个人的体内也存在着一个生态系统。这是一个肉眼不可见的世界，微小的因果变化就会产生深远的影响，而且最终的效果通常看似与原因无关。伤害在某一处发生，但症状却从躯体的另一处表现出来。最近的一份医学研究综述如是说："只要有一个点发生变化，即使只是一个分子的变化，也会震动整个系统，让看似毫无关联的器官和组织产生病变。"如果一个人愿意仔细思考人体玄妙而奇特的运作法则，他会发现起因与后果之间很少展现出明晰的关系，相反，它们很可能在时间和空间上都相去甚远。如果打算寻找致病或致死的原因，人们需要在多个领域进行大量研究，耐心地拼合很多看似毫不相关的事实，才能找出背后的因果关联。

我们惯于处理最严重、最迫在眉睫的症状，而对其他问题视而不见。除非症状即时发生，而且已明确到无法忽视，否则我们就会否认危险的存在。每位研究人员在探求损伤的最初成因时，都会因缺乏足够的研究手段而深感困扰。我们缺少一种能够在症状出现之前探测损伤的精密手段，这是医学领域目前亟待解决的一大问题。

有人可能会做此反驳："我经常向草坪喷狄氏剂，从来没出现过世卫组织喷药人员那种抽搐现象——因此农药对我没造成伤害。"事情远没有这么简单。尽管接触农药的人暂时没有表现出剧烈的症状，但毒物已在他的体内慢慢贮存。我们知道，氯化烃类农药在人体内是累积性贮存的，从最低剂量的摄入开始逐步叠加。这些毒素贮存在脂肪组织中，一旦人体消耗脂肪，毒性就会立即发作。新西兰的一份医学杂志最近刊登了一个案例：一名男子在减肥期间突然爆发急性中毒，检查发现他的脂肪组织中贮存了一定浓度的狄氏剂。减重训练让他的脂肪开始分解，狄氏剂就进入了新陈代谢，引起急性中毒。因患病而消瘦的人也可能会发生同样的问题。

另外，体内贮存的毒素也可能引发更隐晦的不良后果。几年前，美国医学学会在会刊中对杀虫剂贮存于脂肪组织中的风险提出了警告。刊物指出，相比那些没有累积性的物质，人们应当更加谨慎地对待那些能在人体中累积的药物和化学品。此外，医学学会也警告说：除了堆积脂肪之外，脂肪组织（约占人体重量的18%）还有很多重要功能，而这些功能都有可能受到体内贮存毒质的干扰。而且，人体各个器官和组织当中都有脂肪的存在，脂肪甚至是细胞壁的成分。所以我们应当记住这一点：脂溶性杀虫剂将贮存在每一个细胞当中，干扰人体无比关键的氧化与供能作用。我们还会在下一章里详细探讨这个问题。

氯化烃类杀虫剂最臭名昭著的特性就是损伤肝脏。肝脏是一个很特殊的器官，具备多种功能，对人体极为重要。肝脏掌管着多项关键生理活动，即使最轻微的损伤都会引发严重问题。肝脏能够分泌消化脂肪的胆汁，而且因为它刚好处于多项体内循环的交汇之处，所以可以直接从消化道接受供血，深度参与到所有主要食物的新陈代谢。肝脏以糖原的形式贮藏糖分，再以葡萄糖的形式释放出来，这个释放量必须极为精确，才能维持人体正常的血糖水平。肝脏还能帮助人体合成蛋白质，其中就包括血浆当中与凝血功能有关的重要成分。肝脏还负责维持血液中胆固醇的正常水平、在荷尔蒙水平超常的时候予以调节。肝脏也可以贮存多种维生素，其中某些维生素对肝脏的正常运转必不可少。

如果肝脏功能失调，人体的防线就会崩溃——面对大量入侵毒物毫无抵抗之力。有些毒物是新陈代谢的副产物，肝脏会迅速而高效地吸收其中的氮元素，再将其转变为对人体无害的物质。肝脏也能分解某些外来毒物，比如所谓的"无害"杀虫剂马拉硫磷和甲氧DDT在同类杀虫剂中毒性较低，原因就在于肝脏中存在着一种能够将其分解的酶，这种酶改变了它们的分子结构，减弱了对人体的损伤。我们日常接触的大多数有毒物质都可以被肝脏以类似方式分解掉。

如今，人体抵御外来毒物和体内毒物的防线行将崩溃。被杀虫剂损伤的肝脏不仅失去了解毒功能，而且连正常的生理活动都受到了影响。这会带来长期深远的影响，而且很多病症并不会在当下爆发，因此当它们陆续显现时，人们也许会误以为病症的根源在其他地方。

目前人们普遍使用的杀虫剂都会伤害肝脏，所以人们观察到一个现象：肝炎发病率从20世纪50年代开始急剧上升，随后一直在波浪式攀升。据说肝硬化率也在增加。虽然要证明原因A导致结果B是非常困难的（而且在人类身上证明这种关系的难度比在实验动物身上更高），但从常识出发就足以判断：肝病发生率的升高与环境中肝脏毒质的增长之间绝不是什么偶然的关系。不管氯化烃类农药是不是主要的致病物，它毕竟是大家公认的能够损伤肝脏、降低人体免疫力的毒物。在这样的情况下，我们如果继续让自己接触这些有毒物质，显然算不上是明智的做法。

氯化烃和有机磷这两大类杀虫剂都能够直接损伤神经系统，只是作用机理稍有不同，大量动物实验以及对患病人类的临床观察都证明了这一点。DDT是历史上第一种大规模使用的有机杀虫剂，主要作用于人类的中枢神经系统，人们认为受影响的区域主要是小脑和高级运动皮质。毒理学教材告诉我们，接触了大量DDT的患者会产生刺痛、烧灼和瘙痒的感觉，而且会表现出肢体震颤乃至痉挛。

人类对DDT急性中毒症状的最初认识来自几位英国调查人员，他们为了直接掌握中毒的后果，故意让自己接触了大量DDT：英国皇家海军生理实验室的两名科学家在墙壁上涂满了2 ppm DDT水溶性颜料，再覆上一层薄薄的油膜，然后通过皮肤直接接触的方式吸收了DDT。从他们详尽的症状记录当中可以明确看到神经系统已经受到直接损伤："疲惫、沉重、四肢疼痛的感受非常真切，精神十分沮丧……（曾表现出）极度暴躁……厌恶一切工作……自觉无法胜任最简单的脑力工作。有时关节疼痛极其剧烈。"

另一位英国实验员用溶有DDT的丙酮溶液接触了皮肤，随后他报告说四肢沉重、疼痛、肌肉无力，出现"神经极度收紧而造成的抽搐"。他给自己放了一个假，状况有所改善，但回到工作岗位之后情况又开始恶化。然后他卧床3周时间，四肢持续疼痛、失眠、神经紧张、极度焦虑，偶尔整个躯体都会震颤——就是那种在DDT中毒的鸟儿身上司空见惯的震颤。这位实验员10个星期都没能回归工作，到了年末，英国的医学杂志刊出他的案例之时，他还没有彻底复原。

（此外，美国的几位调查人员也招募了一群志愿者，开展了一项关于DDT的实验，结果受试人员抱怨说头痛不已，而且"每一根骨头都疼"，而这"显然是神经症所导致的问题"。）

从症状表现以及整个病程的发展来看，现在有据可查的很多病例都应归咎于杀虫剂。一般来说，这些病人都曾经接触过某种杀虫剂，所以治疗方式就是为他创造一个不含任何杀虫剂的生活环境，这样他的症状就会缓解。最重要的一点是，每一次再度接触化学物质，病人的症状就会加重。这种有力的证据催生了很多治疗神经失调症的疗法。我们没有理由不将其视为一个警告——人类冒着"精心计算的风险"向环境中喷洒杀虫剂的任何行为都是不明智的。

为什么人们接触和使用杀虫剂之后表现的症状不尽相同？这就涉及个体敏感度的问题了。有证据表明，女性比男性对杀虫剂更敏感，幼儿比成人更敏感，惯于久坐和室内工作的人比长期户外生存或勤于锻炼的人更敏感。另一些决定了敏感度的因素虽然不那么直观可见，但也真实存在。为何有人更易对粉尘或花粉过敏、对毒物敏感，或者更容易患上某种传染病等问题仍是医学上的未解之谜，但这些问题客观存在，而且敏感人群的比例非常高。根据医生的估计，有1/3的病人表现出了敏感体质的种种迹象，而且这个数字还在不断增长。更令人不悦的是，有些原本不敏感的人也有可能突然变成了敏感体质。一些医学人士认为，断断续续地接触化学物质可能会降低敏感性。如果这个结论是正确的，或许一些研究结果就有了合理的解释：有些人出于职业需要总是连续接触化学物质，但很少发生中毒反应，这是因为他们在这个过程中已经脱敏了——这和治疗过敏症的原理如出一辙，医生也会给患者重复注射小剂量过敏原让他脱敏。

实验室里的动物可以生活在严格受控的条件下，但人类不行。人类在生活中接触的化学物质绝不止一种，这就让杀虫剂中毒的问题更加棘手。而且几大类杀虫剂之间以及杀虫剂与其他化学物质之间也会互相作用，引发严重后果。杀虫剂进入土壤、水源或者人体的血液之后，互不相关的几种化学物质不再独立存在，而是发生了许多肉眼不可见的奇异变化，在此过程中，物质的性质有可能发生彻底改变。

即使是作用机理截然不同的两大类杀虫剂也可能互相作用。有机磷杀虫剂本来就能伤害保护神经的胆碱酯酶，但如果人体事先接触过伤害肝脏的氯化烃类农药，那么有机磷杀虫剂的毒性就会加剧。这是因为肝脏功能紊乱会导致胆碱酯酶含量低于常规水平，让有机磷杀虫剂引发的中毒症状进一步恶化。目前发现，两种有机磷类杀虫剂互相之间也可能发生反应，让毒性剧增100倍。而且有机磷类杀虫剂也有可能和多种药物、人工合成物质、食品添加剂发生反应——鉴于目前全世界有无数种人造化学物质，谁能说得准还有哪些物质也会发生反应呢？

某些本来没有毒性的物质也可能在某种条件下变成剧毒物，典型例子包括DDT的近亲：甲氧DDT（事实上，甲氧DDT可能不像人们普遍认为的那么安全。动物实验显示这种物质会直接作用于子宫，阻碍某些重要脑垂体荷尔蒙的分泌——这再一次提醒了我们这些物质都具有强力的生理效应。另一些研究显示，甲氧DDT可能导致肾功能损伤）。由于甲氧DDT单独接触人体的时候不会在组织中大量贮存，所以公众就听到了这样一个结论：甲氧DDT是安全的农药。但这个结论未必可靠。如果肝脏已经在其他物质的作用下受到损伤，那么甲氧DDT在人体内的贮存量就会骤然提升100倍，而且会像DDT一样对神经系统产生持久的影响，只是肝功能受损的症状通常较为轻微，因此不易察觉。不过，这种轻微损伤也许正是最常见的情况——人们在生活中往往还会使用其他种类的杀虫剂和含有氯化烃的清洁剂，或者服用所谓的"镇定药物"，这些物质大都含有能够损伤肝脏的氯化烃成分。

神经系统受损不一定都表现为急性中毒，可能还有一些延迟伤害。研究显示，甲氧DDT等物质会对大脑或神经系统造成长期损害。狄氏剂除了立即引发中毒反应之外，还能产生长期后遗症，例如"记忆损伤、失眠、噩梦、狂躁等"。医学研究发现林丹会在脑部和肝脏中大量积累，给"中枢神经系统留下长期而严重的后遗症"，林丹是农药六六六（六氯化苯）的异构体，经常用于雾化器之中——就是这种设备把杀虫蒸汽源源不断地喷进了家庭、办公室和饭店。

人们一般认为有机磷杀虫剂只会引发急性中毒，但实际上它也能对神经组织造成长期持续的结构性损伤，而且近来的研究发现，它还能诱发精神失常。随着各种杀虫剂投入使用，很多延发性的神经麻痹症开始出现。20世纪30年代的美国禁酒令时期[1]发生过一件怪事，仿佛是对未来的预演。这一事件的罪魁祸首不是杀虫剂，而是一种与有机磷杀虫剂同族的化学物质。当时为了逃避禁令

1　美国禁酒令时期（Prohibition Era）指 1920 年至 1933 年美国推行的全国性禁酒行动，严禁人们酿造、运输和销售酒精含量超过 0.5% 的饮料。

的制裁，人们用一些医用物质作为酒的替代，其中一种就是牙买加姜汁[1]（Jamaica ginger）。但美国的药用产品很昂贵，私酒贩子就打起了伪造的主意，而且造出的产品非常成功，不仅通过了药品测试，还骗过了政府部门的化学专家。为了给伪造的姜汁酒增添一种必要的辛辣气味，私酒贩子使用了一种叫作磷酸三邻甲苯酯（TOCP）的化学物质。这种化学物质就像对硫磷及其衍生物一样，会破坏人体中保护性的胆碱酯酶。结果约有1.5万人在饮用了这些假酒后腿部肌肉永久性麻痹，成了瘸子，后来人们把这种病症称为"牙买加姜汁麻痹症"。与麻痹症同时产生的问题还有神经髓鞘的损伤以及脊髓前角细胞的病变。

大约20年后，有机磷化合物作为杀虫剂投入使用，从此就出现了很多类似当年姜汁麻痹症的案例。有一例发生在德国一名温室工人的身上，他在喷洒过几次对硫磷之后出现了轻微的中毒症状，几个月后却突然瘫痪。随后又有3名化工厂工人使用有机磷类农药后出现了急性中毒，虽然经过治疗逐步康复，但10天后有两个人的腿部肌肉开始退化，其中一位单侧下肢麻痹达10个月之久，最后那位受害者是一名年轻的女化学家，症状最严重，不仅双腿瘫痪，而且手臂功能也受到了影响。两年后她的案例在一份医学杂志上刊登出时，她仍然无法行走。

这些病例涉及的几种杀虫剂早已退出了市场，但目前正在使用的一些杀虫剂仍然可能造成类似的危害。马拉硫磷是园艺工人最青睐的农药，而动物实验显示，这种农药会让鸡出现严重的肌无力，

---

[1] 牙买加姜汁即以酒精为溶剂浸泡牙买加姜而萃取出的姜汁，用于治疗伤风感冒、消化不良等小毛病，一度是美国很流行的草药方剂，在一般的药房均有出售。

此外还伴随着坐骨神经和脊神经髓鞘的损伤，这和当年的牙买加姜汁麻痹症如出一辙。

即使有机磷急性中毒的患者能够幸存下来，健康状况也可能不断恶化。由于杀虫剂会伤害神经系统，所以很有可能最终引发精神疾病。澳大利亚墨尔本大学和墨尔本亨利王子医院（Prince Henry's Hospital）的调查人员最近发现了二者之间的关联。他们公开了16例精神疾病的研究报告，这些患者都有长期接触有机磷杀虫剂的经历，其中3位是检查喷药效果的科学家，8位是温室工人，5位在农场工作。患者的症状包括记忆力缺失、精神分裂、抑郁等等。所有人的病史记录都是正常的，直到他们喷洒出去的化学药剂像回旋镖一样给自己迎头一击。

这些问题在医药典籍中屡见不鲜，有的案例与氯化烃类物质相关，有的案例与有机磷类物质相关。错觉、幻觉、失忆、狂躁等种种病症都是人类为了暂时杀灭少量害虫所付出的代价，但如果我们执迷不悟，继续使用这些能够直接摧毁神经系统的化学药品，那么我们还会让自己付出沉重的代价。

第十三章

透过一扇狭小的窗子

生物学家乔治·沃尔德[1]的研究领域极为专精——他关注的是视网膜色素问题。不过，他认为这个领域是"一扇狭小的窗户，远远看去，只露出一线亮光，但走得越近，视野就越发宽广，直到最后可以通过这扇窗户看到整个宇宙"。

同样，我们也应该将视线聚焦于人体的单个细胞之上，然后深入到细胞的微型结构，最后是结构部内分子间的生化反应——只有这样才能理解将外部化学物质引入体内生理环境中会带来多么深远而重大的风险。直到近年来，医学研究才开始关注单个细胞，开始研究细胞的运作如何产生对生命不可或缺的能量。生物体具有一套非凡的供能机制，不仅是保持机体健康的必要过程，更是生命存活的基础。供能机制对生物体的意义甚至超过最关键的脏器，因为如果氧化供能系统无法顺畅运作，那么生物体的任何机能都无法发挥作用。其实很多杀灭昆虫、啮齿类动物和野草的化学农药的作用机

1　乔治·沃尔德（George Wald，1906－1997），美国生物学家，以研究视网膜色素而闻名，并于1967年与霍尔登·凯弗·哈特兰（Haldan Keffer Hartline）和拉格纳·格拉尼特（Ragnar Granit）共同获得了诺贝尔生理学或医学奖。

理都是直接作用于生物体的供能系统，扰乱它的精密运作。

　　理解细胞的氧化作用是生物学和生物化学界最杰出的成就之一，为这一工作添砖加瓦的人当中不乏诺贝尔奖获得者。在早期研究成果的基础上，人们用了25年时间一步步搭建了整个体系，直到今天仍有一些细节没有彻底完善。最近的10年间，这些碎片终于拼接成了完整的理论体系，让生物体内的氧化反应成为生物学家普遍接受的知识。我们要记住一个重要的事实：1950年之前接受基础培训的医疗人士没有机会了解这个过程有多么关键，也不明白打破这个过程会造成哪些危险。

　　为生物体提供能量的并不是哪一个器官，而是机体的所有细胞。每一个活体细胞都像一丛燃烧的火焰，产生维持生命的能量。这个诗意的比喻其实并不准确，因为这个表述认为细胞"燃烧"产生的热量只能维持生物体的正常生理温度，但事实远不止于此——数十亿丛燃烧的小小火焰能够激发整个生物体的活力。俄国化学家尤金·拉比诺维奇（Eugene Rabinowitch）说过，如果这些细胞停止燃烧，"心跳就会停止，植物不会再对抗重力向天空生长，变形虫不再游动，神经不再传导感觉，人类的大脑也不会再有思想的闪现"。

　　在细胞中，物质转化为能量的过程永不停歇，这是自然界中的固有循环，像车轮一样旋转不休。碳水化合物燃料以葡萄糖分子的形式逐个进入这个轮子，在循环旋转中被逐一分解，发生很多细微的化学变化。这些变化井然有序，每一步都由一种功能高度特异的酶引导和控制，在产生能量的同时也释放出代谢废物（二氧化碳和水），性质已经改变的燃料分子又被传送到下一阶段。轮子转动一圈后，燃料分子已被剥得"一丝不挂"，准备与新的分子再度结合，开始另一轮全新的循环。

在此过程中，细胞运作的复杂程度堪比一家化工厂，可谓生物世界的奇景，而各个功能部件的体积又那么微小，这就更增添了神奇的色彩。除了某些罕见的例外，细胞本身都非常微小，只能借助显微镜观察。然而氧化作用的大部分进程是在比细胞更小的空间中完成的——在被称为线粒体（Mitochondria）的微小颗粒中进行。尽管人们在60多年前已经知道线粒体的存在，但从未把它看作重要的细胞元素，也并不认为它有任何重要功能。直到20世纪50年代，线粒体研究领域才成了一个成果频出的科研领域，全球科学家纷纷对其高度关注，5年内在这个领域就出现了1000篇论文。

破解线粒体之谜是人类非凡的创造才能与毅力的又一次展现，令人感到由衷敬畏。试想一种即使用显微镜放大300倍都难以看见的微小粒子，然后想象一下分离这种粒子需要的技巧，再想象一下你该如何把它分开，一点点分析它的组成结构、研究各个部件究竟如何发挥复杂的功能。如今在电子显微镜的帮助下，这些难关已被生化学家凭借高超的技术一一攻克。

现在我们已经知道，线粒体是一个含有各种微小酶类的细胞器，这些酶是氧化循环必需的物质，它们精确有序地排列在线粒体壁和隔层之上。线粒体是一个"发电厂"，绝大多数产生能量的生化反应都在此发生。氧化反应最初、最基础的环节在细胞质中完成后，燃料分子就被转移到线粒体中。氧化反应正是在线粒体中最终完成的，也正是在这里才释放出了大量能量。

线粒体中氧化反应的车轮不分昼夜、一刻不停地转动着，所以必定对生物体的存活有着重大意义。氧化循环在各个阶段生成的能量通常被生化学家称为ATP（三磷酸腺苷），这是一种含有3组磷酸盐的分子。ATP之所以能够供能，就是因为它可以把一组磷酸盐转化为其他物质，此时化学键[1]中的电子会高速穿梭，产生能量。如果ATP最末端的高能磷酸键转移到了正在收缩的肌肉细胞中，那么肌肉细胞就获得了收缩的能量。于是，另一个循环——嵌套在大循环中的小循环——启动了：ATP分子送出一个高能磷酸键，自身仅保留两个，于是ATP变成了ADP（二磷酸腺苷）。轮子继续转动，又有另一组磷酸基与ADP耦合重新，生成可以释放能量的ATP。这个原理和蓄电池的原理一样：ATP相当于已充满的电池，ADP相当于已耗竭的电池。

ATP是生物界通用的能量货币（currency of energy）——存在于从微生物到人类等一切有机生物的体内。它为肌肉细胞提供机械能量，为神经细胞提供电能。精子细胞的发育、生物的受精卵经过一系列复杂的活动变成了青蛙、鸟儿和人类婴儿、激素细胞分泌激素，这一切都要ATP提供能量。ATP分解产生的能量只有一小部分用于线粒体中，大部分都释放到了细胞内，供其他生理活动之用。在某些细胞中，线粒体的分布位置就表明了它的功能，因为线粒体只有处于合适的位置，才能保证能量精准地传递到所需的地方。肌肉细胞中的线粒体分布在肌纤维的四周；神经细胞中的则分布在两个细胞的连接处，这样才能为神经冲动的传导提供能量；精子中的

1　化学键是一种统称，代表纯净物分子内或晶体内相邻两个或多个原子（或离子）间强烈的相互作用力。化学键是离子和原子相互结合的原因，它的建立和破坏都需要能量介入。ATP 磷酸盐分子当中就存在着 3 个高能磷酸键。

线粒体则集中分布于有推动作用的"长尾"与"头部"的连接处。

这套生物电池充电的过程，就是氧化反应中的耦合作用：ADP和游离的磷酸基团紧密耦合，形成ATP，这一过程被称为耦联磷酸化。如果结合是非耦合的，就意味着此过程中无法产生可用的能量——线粒体仍在进行呼吸作用，但不产生任何能量，细胞就变成了一台空转的引擎，持续发热，但没有丝毫动力。于是肌肉无法收缩，神经冲动也无法传导，精子无法抵达目的地，受精卵也无法完成复杂的分裂和分化。对生物体而言，从胚胎到成体的任何一个阶段发生了非耦合作用都将是一场灾难——可能导致肌体组织大片死亡，甚至整个生物体都会死亡。

非耦合作用是如何发生的？放射性物质能够破坏耦合作用，人们认为暴露于辐射的细胞就是因此而亡的。不幸的是，不少化学物质也有能力阻断氧化作用中的能量生产，杀虫剂和除草剂都是这种物质的典型代表。我们知道，酚类化合物能够严重阻碍新陈代谢，导致生物体温骤升而死亡，这就是非耦合作用导致"引擎空转"的后果。二硝基苯酚（Dinitrophenol，DNP）和五氯酚（Pentachlorophenol）是两种典型的酚类化合物，广泛用于除草剂的配方之中，其他非耦合性除草剂还包括2,4-D。目前研究已经证实氯化烃农药中的DDT能够破坏耦合作用，未来我们还会发现能够诱发非耦合作用的其他氯化烃农药。

但破坏耦合作用并不是熄灭生物体内亿万细胞生命之火的唯一手段。氧化作用的每一个步骤中都有一种引导和催化的酶，任何一种酶遭到破坏或者活性被削弱，细胞的整个氧化作用都会戛然而止。循环中的氧化作用就像一个正在转动的车轮，如果在辐条间插入一根撬棍，不管插到哪里轮子都会停转。所以循环中任何一点的任意一种酶的功能遭到破坏，氧化反应都会停止，细胞也不再生产能量——最终后果与非耦合作用如出一辙。

许多广泛用于杀虫的化学物质都是让氧化作用车轮停转的撬棍。DDT、甲氧DDT、马拉硫磷、吩噻嗪（Phenothiazine）等很多杀虫剂都含有二硝基化合物，对参与氧化反应的各种酶类有抑制作用，因而干扰了整个供能过程的顺畅进行，剥夺了细胞中可用的氧分。这会产生一系列灾难性的后果，下面仅简单列举几例。

研究人员仅仅通过系统性地抑制氧气供应，就能让普通细胞变成癌细胞（下一章将继续探讨这个问题）。剥夺供氧会给人体细胞造成哪些严重后果，从以发育阶段的动物胚胎为对象开展的实验中已经可以看到一些端倪。一旦供氧不足，组织和器官发育的有序进程将被彻底打乱，导致畸形和其他异常状态。由此可以推断，人类胚胎在缺氧条件下自然也会出现先天畸形。

人们已经发现婴儿先天畸形的病例有增多的迹象，但愿意追根溯源的人寥寥无几。美国人口统计局1961年发起了一场全国范围内的畸形儿普查，并解释说这项普查数据将为环境因素与先天畸形的关系提供佐证，这是我们这个时代最令人难过的征兆之一。当然，类似研究大多涉及如何衡量辐射的影响，但放射性物质的帮凶——化学物质的作用也不可小视，它们也会产生同样的影响。人口统计局的预测令人不寒而栗：后代新生儿可能出现的某些躯体缺陷和畸形，必然与渗透到外部环境和人体内部的种种化学物质有着直接关系。

生殖能力的衰退可能也与生物体内氧化过程的紊乱有关，因为这种紊乱会耗竭维持生理活动至关重要的蓄电池——ATP。卵子在受精前需要大量的ATP供应，因为精卵结合后引发的受精作用需要消耗大量能量。而且精子能否接触并穿透卵子，也取决于它本身累积的ATP是否充足，而ATP是由聚集在精子长尾基部的线粒体产生的。受精之后，细胞开始分裂，胚胎未来能否完成发育在很大程度上取决于此时的ATP供应是否充足。胚胎学家研究了青蛙卵、海胆卵等结构简单的材料后发现，如果细胞中的ATP含量低于一个关键阈值，受精卵就会停止发育、很快死亡。

而实验室里的情况完全可以和苹果树上的知更鸟巢做一个类比，巢里卧着蓝绿色的鸟蛋，可这些鸟蛋都是冰冷的，生命之火只跳跃了几天就熄灭了。同样，在佛罗里达州一棵松树的树冠上，一堆看似杂乱无章的嫩枝托着3只巨大的白色鸟蛋——3只冰冷而了无生气的鹰卵。小知更鸟和雏鹰为什么没有孵化？这些鸟蛋的遭遇是不是和实验室里的青蛙卵一样，都因为缺少了必要的能量货币ATP才无法发育成型？归根结底，是不是因为亲鸟的体内和产下的鸟蛋中贮存了高浓度的杀虫剂，从而遏止了氧化供能反应的车轮继续转动？

我们不必费神猜测鸟蛋中有没有杀虫剂的残留——显而易见，检验鸟蛋比检验哺乳动物的卵细胞更容易。无论是实验室还是野外环境下，只要亲鸟沾染过农药，它们产下的蛋里必然会残留大量DDT和氯化烃类农药，且富集浓度很高。加州的实验人员从野鸡产下的蛋里检测出了349 ppm浓度的DDT。密歇根州的研究员发现，死于DDT中毒的知更鸟的卵巢中取出的鸟蛋含有200 ppm浓度的毒物。人们还在一些鸟巢里发现了无人照料的鸟蛋，亲鸟已被杀虫剂毒死了，但这些鸟蛋也含有DDT残留。附近农场那些艾氏剂中毒的母鸡也把毒物传到了蛋里，人们在实验中发现，饲喂DDT的母鸡产下的鸡蛋中含有65 ppm浓度的DDT。

DDT和（几乎全部）氯化烃类农药都可以让特定的酶类失活或破坏耦合机制，从而打乱生物体的供能循环，了解了这一点，我就很难想象含有杀虫剂残留的卵细胞还能够完成一整套复杂的发育过程——要经历无数次细胞分裂、组织和器官的分化、关键物质的合成，才能产生一个鲜活的生命。而这些变化都需要大量能量——只有新陈代谢才能为这一过程提供源源不断的ATP。

如果认为这种灾难只会发生在鸟类身上，那就太过乐观了。ATP是生物体内普遍存在的能量货币，所以无论是鸟类还是细菌，人类还是老鼠，进行新陈代谢循环的目的都一样——就是为了生成ATP。无论发现杀虫剂储存在哪种生物的精细胞内，我们都应该感到不安，因为杀虫剂在人体中必然也会产生类似的效果。

有迹象表明，这些化学物质不但储存于精细胞中，也储存在产生精细胞的组织中。人们已经在多种鸟类和哺乳动物的性器官中发现了杀虫剂的残留——无论是实验室受控条件下的野鸡、老鼠、豚鼠，还是栖息在喷过药的榆林中的知更鸟，或者在美国西部为防治云杉卷叶蛾而喷过药的林区里奔跑的小鹿，无一得免。检测还发现，有一只知更鸟的睾丸贮存的DDT浓度比身体其他部位都高，野鸡睾丸中累积的DDT残留也高得惊人，足足有1500 ppm。

人们发现实验室里的哺乳动物有睾丸萎缩的现象，这很可能是毒物残存于性器官中引发的后果。接触过甲氧DDT的小鼠睾丸发育得极小；幼年雄鸡饲喂DDT后，睾丸只有正常尺寸的18%；且依赖睾丸激素而发育的鸡冠和垂肉也只有正常大小的三分之一。

精细胞本身也可能因ATP缺少而受到影响。实验显示，二硝基苯酚能降低公牛精子细胞的活性，因为这种物质可以干扰细胞内的能量耦合机制，让精细胞损失大量能量。如果进一步调查其他化学物质，很可能发现它们也有同样的作用。很多医疗报告都显示DDT空中喷雾的操作人员患上了少精或无精症，这也许就是农药损伤人类生殖能力的证据。

如果从人类整体来看，我们携带的遗传物质比个体生命更加珍贵，因为它是人类传承的纽带。基因组在漫长的岁月里逐渐演化成型，虽然尺寸微小，但它塑造了人类目前的面貌，也承载了人类的未来——无论这个未来是充满希望还是威胁。但如今我们面临着的困境却是人工合成物导致人类基因衰退的威胁，所以，这是人类文明面临的最终，也是最重大的危险。

这一次，我们又看到化学物质和辐射物之间存在着不容置疑的相似性。

辐射会给活体细胞造成种种伤害：细胞可能会彻底丧失正常分裂能力，它的染色体结构可能发生改变，携带遗传物质的基因发生突变，让随后几代生物都会表现出一些新特性。特别敏感的细胞会当即死亡，而幸存下来的细胞可能在多年之后最终变成了恶性肿瘤。

这些辐射造成的后果都可以在实验室里使用类放射化学物质（radiomimetic chemical）时一一重现。很多用作杀虫剂和除草剂的化学物质都属于类放射化学物质，它们能够破坏染色体、干扰正常的细胞分裂或者引发基因突变。这些对遗传物质的伤害有时会直接让接触化学毒物的个体患病，但有时也会在未来几代个体身上表现出来。

仅在几十年以前，还没有人知道辐射物或化学物质能造成这种影响。在那个时代，人们还不懂得如何分裂原子，那些威力堪比放射物质的化学药剂也还没有从化学家试管中孕育出来。1927年，得克萨斯大学的一位动物学教授赫尔曼·穆勒[1]博士发现，用X射线照射生物体可以引发后代的基因突变。这个发现打开了一扇通往科学与医学新领域的大门，也让穆勒博士获得了诺贝尔生理学或医学奖。随后，全世界很快就对从天而降的灰色放射性粉尘不再陌生，现在连普通民众也都明白辐射的危害了。

不过，很少有人注意到20世纪40年代初期的一个类似发现：爱丁堡大学的两位科学家夏洛特·奥尔巴赫（Charlotte Auerbach）和威廉·罗布森（William Robson）发现芥子气会导致生物细胞发生永久性染色体异常，这与辐射诱发的效果如出一辙。接触过芥子气的果蝇也产生了突变（穆勒用X射线照射的实验对象就是果蝇）。就这样，人类发现了第一种化学突变剂。

如今，与芥子气一样能够改变动植物遗传物质的化学突变剂已经可以罗列成长长的一串名单。为了说明化学物质如何改变遗传物质，我们首先要了解遗传物质究竟如何在生物细胞中代代相传。

细胞是组成生物体各种组织和器官的基本单位。细胞不断增殖，生物体才能成长，生命之河才能永不干涸。这个过程是通过

1　赫尔曼·穆勒（H. J. Muller, 1890–1967）：美国著名遗传学家，在辐射遗传学方面做出了开创性的贡献。穆勒发现 X 射线可诱发果蝇发生基因突变，这一实验是遗传学领域的经典之作。

有丝分裂（mitosis）实现的，科学界以前称之为"核分裂（nuclear division）"。一枚即将分裂的细胞中，最重要的变化首先发生在细胞核内部，但最终会涉及整个细胞。染色体在细胞核内神秘地运动着、分裂着，按照亘古不变的模式将生物遗传的决定因子——基因物质传给子细胞。一开始，染色体会排列成细长的丝状，基因像一串珍珠一样整整齐齐地排列在这条丝线上。然后每一条染色体纵向分裂（基因也同时进行分裂），等到母细胞分裂成两个之后，染色体也一分为二，各自进入两个子细胞中。于是每个新生成的细胞都含有一套完整的染色体，携带一套完整的基因信息编码。就是这样，整个族群和物种才能延续下去，而且让每个物种母代和子代的特征都能大体保持相同。

生殖细胞是经过一种特殊的细胞分裂方式而形成的。因为物种的染色体数量恒定不变，而物种繁衍需要精卵结合，所以精细胞和卵细胞各自必须只能带有一半数量的染色体。于是，在有丝分裂的某一刻，染色体的行为必须发生某些变化，才能产生精细胞和卵细胞，也即通过减数分裂[1]的方式实现染色体数量的减半，这个过程具备惊人的精确性。

从这种最基本的变化层面来看，一切生命并无差异。细胞分裂是一切地球生命的共同行为，无论是人类还是阿米巴原虫，无论高大的红杉还是微小的单细胞酵母，如果没有细胞分裂，它们就无法存在。任何扰乱有丝分裂的事物都会给生物体本身的机能以及后代造成严重的威胁。

1　减数分裂是生物细胞中染色体数目减半的分裂方式。性细胞分裂时，染色体只复制一次，细胞连续分裂两次，从而保证物种染色体数目保持稳定。

乔治·盖洛德·辛普森（George Gaylord Simpson）和两位同事合著的那部包罗万象的著作《生命》（*Life*）一书中写道："生物细胞的种种关键特征（例如有丝分裂）必然已存在了5亿年之久——甚至可能接近10亿年。""从这个意义上来说，生物界虽然是脆弱而复杂的，但在岁月面前却表现出了难以置信的坚韧——甚至比崇山峻岭更加持久。这种持久性得以维系，完全有赖于遗传信息代代相传的时候拥有难以置信的精确度。"

但是，在作者想象中的10亿年岁月里，这种"难以置信的精确度"从来没有像20世纪中叶以来这样，受到人造放射性物质和人工生产与投放的化学物质如此直接而沉重的威胁。著名的澳大利亚医学家、诺贝尔医学奖得主麦克法兰·伯内特爵士（Sir Macfarlane Burnet）认为："各种层出不穷的强力疗法的副作用，以及人类生理环境中从未体验过的各种化学物质，越来越频繁地突破了生物体内天然存在的保护屏障，让人体器官直接暴露在各种致突变因素的威胁之下"，这种情况已经成为这个时代"最鲜明的医学特征之一"。

人类染色体的研究尚处在初级阶段，所以直到近些年，人们才有办法研究环境因素对其造成的影响。1956年新技术出现后，人们终于准确地测定出人类细胞内有46条染色体——而且能细致地观测甚至识别染色体整体或部分的存在与缺失。环境导致基因受损的概念整体而言比较新颖，只有遗传学家才有所了解，但他们的意见很少受到重视。目前人们对辐射的种种危害已经有了还算全面的了解，但在某些时候却仍然不肯承认。穆勒博士在各种场合曾经多次哀叹："很多人都不愿接受基因学说的基本原则，这其中不仅包括政府委派的政策制定者，甚至还有很多医学教授。"对于"化学物质可能像放射性物质一样有害"的事实，公众还不明就里，甚至有些医疗和科研工作者都没有这个认识。这也是为什么目前普遍应用的化学物质（而非在实验室里使用）根本没有接受全面评估的原因——但实际上这种评估极为重要。

麦克法兰爵士并非孤军奋战，有一些人也看到了这种潜在的危险。英国权威专家彼得·亚历山大（Peter Alexander）博士曾经表示，类放射性化学物质的威胁"或许更甚于"辐射物。穆勒博士在基因研究领域辛勤耕耘了数十年，取得了丰硕的成果，他以多年积累的专业洞见提出警告：很多化学物质（包括几大类杀虫剂在内）"可能和辐射物一样，都会增加基因突变率……但在现代社会频繁接触罕见化学品的环境下，我们不知道人类基因究竟在多大程度上受到了致突变因素的影响"。

目前，公众普遍对化学突变剂的危害有所轻视，究其原因，或许是首先发现突变剂的人只是怀抱着学术兴趣而已。毕竟人们没有把芥子气从空中喷向地上的所有生物种群，它只是由有经验的生物学家用于实验中，或者经医生之手用于癌症的治疗（近来有报告显示，接受芥氮疗法的病人中有一位出现了染色体受损的症状），但杀虫剂和除草剂却能够密切接触大量人群。

尽管公众对这个问题的关注度不算高，但收集关于这些杀虫剂的具体信息还是可以做到的——这些信息显示，杀虫剂能够扰乱细胞的关键生理进程，从而引起轻微的染色体损伤或基因突变等一系列问题，最终导致细胞变为恶性肿瘤。

蚊子连续几代接触DDT之后，就会变异成一种被称为"雌雄嵌合体（gynandromorph）"的奇异生物，也就是一半是雄性，一半是雌性。

接触各种酚类物质的植物的染色体严重受损、基因发生改变、产生大量突变性状，而且"遗传信息出现不可逆的变化"。果蝇是基因实验的经典对象，接触苯酚的果蝇会产生基因突变；而接触了最常见的除草剂或者尿烷（urethane）之后，果蝇产生了足以致命的强烈突变。尿烷属于氨基甲酸酯（carbamates）类化合物，以它为原料开发的杀虫剂和农用化学品越来越多。其中有两种氨基甲酸酯类农药已经用于防止马铃薯在贮藏期间发芽——因为它们能够阻止细胞分裂。还有一种能够防止植物发芽的化合物是马来酰肼（maleic hydrazide），这种物质也是一种强力诱变剂。

以六六六或林丹处理过的植物根茎会出现可怖的畸形，长出肿瘤般的凸起。这是因为细胞中的染色体数量不断加倍，所以整个细胞都鼓胀了起来。细胞每分裂一次，染色体就再度加倍一次，直到整个细胞的生理结构无法承载，这个过程才会停止。

除草剂2,4-D也会让植物根茎生出肿块，因为细胞中的染色体变得粗短肥厚，紧紧挤在一起，从而严重阻碍细胞分裂。据说整体影响与X射线照射之后的效果很相似。

以上这些问题只是冰山一角，目前还没有一项专门检验杀虫剂诱变效果的综合研究。上文提到的这些案例只是细胞生理学或遗传学领域研究的副产品而已，目前科学界应当集中资源，针对这一领域开展攻坚战。

有些科学家愿意承认环境辐射可能对人类造成潜在伤害，却总是质疑化学诱变剂也会产生类似的效果。他们强调辐射物具有强大的穿透力，但怀疑化学物质无法达到精子细胞。想证明这个问题，必然会遭遇重重阻碍，因为从来没有科学家以人类为受试对象做过研究，但我们已经发现鸟类和哺乳动物的性腺与生殖细胞中会残存大量DDT，这是一个强有力的证据，至少证明氯化烃类化合物不仅广泛地分布在生物体内，而且已经接触到了遗传物质。有一种能阻碍细胞分裂的强效化学物质，医生经常谨慎地用它治疗癌症，而宾夕法尼亚州立大学的大卫·戴维斯（David E. Davis）教授发现这种物质也可以引发鸟类不育，致死剂量以下的摄入能够阻止生殖器官的细胞分裂。目前，戴维斯教授的田野实验也已经取得了一些成果，显然我们已经不能再抱着一厢情愿的想法，认为世上还有哪种生物体的生殖器官能抵御得了环境化学毒物的渗透。

最近染色体异常领域的研究成果频出，很多都非常有趣，而且意义非凡。1959年，英国和法国的几支研究团队不约而同地得出了一个结论——某些人类疾病的根源在于染色体数量异于常人。举例来说：现在人们已经知道唐氏综合征[1]的患者都多了一条染色体。有时这条多余的染色体会附着在其他染色体上，所以染色体数量还是正常的46条，但一般情况下这条染色体总是独立存在的，所以患者就有了47条染色体。唐氏综合征患者基因缺陷的源头必然来自父辈这一代。

英美两国都有大量患有慢性白血病的患者，他们的基因缺陷似乎是由另一种机制导致的。人们已经发现他们的某些血液细胞表现

---

1 唐氏综合征（Down syndrome）又称21-三体综合征或先天愚型，由染色体异常（多了一条21号染色体）而导致。60%患儿在母体怀孕早期即流产，存活者的智力发育明显落后，多有生长发育障碍和畸形等问题。

出染色体畸形——其中一条染色体有部分残缺，但这些病人的皮肤细胞却含有正常数量的染色体。这就说明患者在受精卵阶段并没有产生染色体缺陷，进入发育阶段之后，某些细胞的染色体才受到了损伤（在这个例子中，受损的是血前体细胞）。染色体部分缺损可能让这些细胞缺少了正常运作的"指令"。

随着这一领域逐渐开拓，人们以惊人的速度发现了一个又一个与染色体异常相关的缺陷症状，很快就超出了医疗研究的范畴。有一种疾病叫作克氏综合征（Klinefelter's syndrome，先天性睾丸发育不全），就与患者某条性染色体的倍增有关。患者为男性个体，但因为携带两条X染色体（基因型为XXY，而非正常男性的XY）而出现一些异常状态，除了无法生育之外，还经常伴随躯体过高、智力低下的症状。相比之下，只携带一条性染色体（基因型既不是XX，也不是XY，而是XO）的患者虽然是女性个体，但缺乏很多第二性征。这种病症显然还会伴生多种生理缺陷（有时还有精神缺陷），因为X染色体上携带着各种各样的特征基因，人们把这种疾病称为特纳氏综合征（Turner's syndrome，先天性卵巢发育不全）。医学文献对这两种病状早有记载，但之前始终找不到原因。

各国科研工作者都在染色体异常的领域做了大量工作。威斯康星大学的一个研究团队一直致力于各种先天缺陷的研究，典型缺陷如智力迟钝似乎是由染色体部分倍增而导致的：可能是精细胞形成过程中某一条染色体出现破损，碎片无法被正常分配到子细胞当中，这种情况下，胚胎的正常发育就会受到干扰。

目前的研究结果显示，多出一条完整的常染色体通常足以致命，因为胚胎在这种情况下无法存活，对此人类只知道有三种例外——其中一种当然就是唐氏综合征。而正常染色体上附着的多余碎片尽管也会造成严重伤害，但不一定致命。威斯康星大学的研究人员认为，这些情况能为此前尚无定论的某些疑难病症提供有力的解释，例如一个婴儿为何天生具有多种缺陷（一般包括智力迟钝）。

染色体异常是一个非常新颖的研究领域，所以到目前为止，科学家更关心的是如何识别染色体异常导致的疾病和发育缺陷，而不是追本溯源，推测它的成因。如果有人认为染色体受损或细胞分裂异常是单一原因所致，这实在是愚不可及的想法。不过，我们无法忽视这样一个事实：充斥于环境中的毒物能够直接作用于染色体，导致它们产生种种异常。这一切只是为了得到不生芽的马铃薯或者没有蚊虫的院落，我们付出的代价是不是太过高昂了？

如果我们愿意努力，就能够减少上述种种威胁。每个人体内的遗传物质都是经过生物原生质20亿年的演化和选择而传承下来的，它只是暂时由我们保管，我们必须将它传递给下一代，但我们现在并没有做出任何保存基因完整性的努力。虽然农药厂商在法律的约束下检测了产品的毒性，但法律并没有要求他们检验产品是否会造成基因缺陷，所以他们当然也就乐得袖手。

第十四章

患癌率：四分之一

地球生命与癌症搏斗的历史如此漫长，源头已经难以追溯，但最初的病因一定源于自然环境。上古时期的一切生命都受到日晒风吹等自然环境的影响，某些环境因素还会对生物体带来灾难，面对这些灾难，生物体只有两条路可走——要么适应，要么死亡。例如阳光中的紫外线就是引发恶性肿瘤的因素，此外还有某些蕴藏放射性物质的岩石以及致命的砷类物——因为生物体的饮食有可能会被土壤和沙石中淋溶出的砷类物质污染。

早在生命诞生之前，这些有害因素就存在于自然环境中。随后，生命出现了，并在数百万年的光阴中演化出了丰富的物种。自然选择的过程不疾不缓地淘汰了适应性差的物种，只有抵抗能力最强的生物才能生存下来。生命就这样逐渐适应着环境，与破坏性的自然力量达成了平衡。虽然自然中的致癌因子仍然还是诱发恶性肿瘤的一个因素，但从数量上看已经微乎其微，而且生命从诞生伊始就已经适应了它们古老的力量。

人类诞生之后，情况又发生了巨变。人类是唯一有能力创造致癌物的物种，某些人造致癌物已经在环境中存在了好几个世纪，其中一种就是含有芳香烃的烟尘。随着工业时代曙光初现，全球范围内的巨变加速发生，天然环境迅速被人工环境取代，充斥着各种前所未有的化学因子和物理因子，其中多数都能引发强烈的生理变化。面对自己一手炮制的致癌物，人类毫无还手之力，因为生物体的基因演变极为缓慢，无法及时适应瞬息万变的新环境，于是这些强力致癌物能够轻易突破人体本身并不算完善的防线。

癌症的历史虽然悠久，但我们对致癌因子的认识却远远算不上成熟。人类历史上第一次意识到外部或者自然因素可以诱发恶性病变的人是两百年前的一位伦敦医生：1775年，波希瓦·帕特（Percivall Pott）爵士宣称，扫烟囱的人之所以多发阴囊癌，必然与体内积累的烟尘过多有关。但在当时帕特爵士还无法提供我们今日所需要的"证据"，不过现代医学研究手段已经可以把煤灰中的致命化学物质分离出来，证明他的推断是正确的。

帕特爵士发现这一点后的一个多世纪里，除了认识到环境中的某些化学物质可能经由皮肤接触、吸入、吞咽而致癌之外，人类对癌症的认识一直止步不前。诚然，我们注意到英国康沃尔和威尔士地区的炼铜厂、铸锡厂那些长期接触砷化物烟尘的工人罹患皮肤癌的概率很高；我们也发现德国萨克森州的钴矿和捷克波希米亚省的铀矿工人往往会患上肺病，后来又被确诊为肺癌，但这些现象都出现在前工业时代。工业文明盛放之后，工业产物无所不至，一切生物的生存环境之中几乎都有它们存在的痕迹。

19世纪最后的25年间，人们发现了工业时代第一例有迹可循的恶性肿瘤。那时，路易斯·巴斯德[1]刚刚证明了微生物是引发多种传染病的元凶；另一些科学家正在探索德国萨克森州褐煤开采业以及苏格兰页岩开采业的工人罹患皮肤癌的化学诱因，以及其他需要接触柏油和沥青的职业工人多发癌症的原因。截至19世纪末，人类已经发现了6种以上的工业致癌物；而到了20世纪，人类自行合成了无数化学致癌物，并且让普罗大众与它们朝夕接触。在帕特完成研究之后不到两百年的时间里，自然环境已经发生了翻天覆地的变化。接触化学物质的群体已经不仅限于危险化学品从业人员——每个人在日常生活中都难免沾染各种化学品，甚至包括尚未出生的胎儿，所以难怪现代社会的恶性肿瘤发病率高到了惊人的程度。

肿瘤病例的增多绝不是一种主观印象。美国人口统计局1959年7月的月度报告显示，1958年全美恶性肿瘤（包括淋巴和造血组织肿瘤）造成的死亡案例占总死亡人数的15%，而1900年这个数字只有4%。美国癌症协会根据目前的发病率估计，目前这一代美国人中将有4500万人患癌死亡，这意味着三分之二的美国家庭会遭遇家人罹患恶性肿瘤的打击。而关于儿童患癌的报告数据更令人揪心不已。25年前，儿童患癌还是非常罕见的病例，但今日美国的学龄儿童患癌死亡比率已经超过其他任何疾病。波士顿的情况尤其严重，以至于当地设立了国内第一家专门治疗儿童癌症的医院。1~14岁

1　路易斯·巴斯德（Louis Pasteur，1822-1895）：法国微生物学家、化学家，近代微生物学奠基人。他的理论帮助人类找到了战胜狂犬病、鸡霍乱、炭疽病、蚕病等一系列重大疾病的方法。英国医生李斯特还据此解决了创口感染问题，让整个医学迈进了细菌学时代。他发明了著名的"巴氏灭菌法（低温消毒法）"，至今仍在广泛应用。

儿童患癌的死亡率是12%。临床上也发现大量5岁以下的儿童罹患了恶性肿瘤，而更严峻的事实则是刚出生的婴儿乃至孕期胎儿的肿瘤发病率也在急剧上升。美国国家癌症研究所的休珀博士是研究环境性癌症的先驱，他曾表示，先天癌症及婴幼儿癌症很可能与母亲在孕期接触致癌因子有关，因为致癌物能够穿过胎盘，直接作用于迅速发育的胚胎组织。动物实验显示，接触致癌因子的个体越年幼，患癌的可能性越高。佛罗里达大学的弗朗西斯·雷（Francis Ray）博士警告说："饮食中添加的化学物质可能会让这一代儿童逐渐患上癌症……我们无法预测一两代人之后还会发生什么情况。"

在人类征服自然而使用的种种化学武器中，有没有直接或间接的致癌物？这是我们眼下最担心的问题。动物实验已经表明至少五六种杀虫剂可以确切无疑地归为致癌物，还有一些医生觉得诱发人类白血病的物质也算致癌物，这样看来，致癌物的清单又得加上长长的一段。虽然我们无法直接以人类为对象做实验，但从动物实验中得到的参照证据无疑已经让人印象深刻。如果再把对生物组织和细胞有间接致癌作用的杀虫剂也考虑进来，这份清单就更长了。

人类最早使用的一类与癌症相关的杀虫剂是砷化物，比如用于除草的砷酸钠、用于杀虫的砷酸钙等等。砷化物与人类癌症和动物癌症都有长久的渊源。哈珀博士在他的肿瘤学领域经典著作《职业性肿瘤》（*Occupational Tumor*）中举了一个例子，揭示了接触砷化物的惊人后果：中欧西里西亚（Silesia）地区的莱亨斯坦（Reichenstein）市开采金银矿的历史已经接近1000年，采砷业也有几百年的历史。几个世纪以来，砷矿开采留下的废渣一直堆积在矿井附近，砷逐渐析出，溶进了从山涧流出的河水中。后来地下水也受到了污染，而且砷化物渗入了当地的饮用水系统。几个世纪以来，当地居民饱受"莱亨斯坦病"的困扰，也就是慢性砷中毒导致的肝脏、皮肤、消化系统与神经系统功能紊乱，恶性肿瘤也如影随形。现在这种疾病在莱亨斯坦已经成为历史，因为当地在25年前已经基本清除了水中的砷化物，还更换了新的水源。但慢性砷中毒在阿根廷的科尔多瓦省一带却成了常见病，因为当地的含砷岩层污染了饮用水，患者的典型症状就是砷性皮肤癌。

而长期使用含砷杀虫剂的后果就是重蹈莱亨斯坦和科尔多瓦两地的覆辙。砷类杀虫剂已经浸透了美国烟草种植园的土壤，连西北地区的大片果园和东部的蓝莓田也无法幸免，这种情况很容易让供水系统受到污染。

除了人类，动物也会受到影响。1936年，德国发布了一份重要的报告，提到萨克森州弗莱堡（Freiberg）的银、铅精炼厂排放的大量含砷烟雾漂移到附近的乡野，覆盖在植物的茎叶上。休珀博士发现植食性家畜（牛、羊、马、猪等）出现了脱毛和皮肤增厚的现象，附近森林的野鹿身上有时会出现不正常的色斑以及癌变前期的疣，还有一只鹿已经出现了明显的癌变体征。无论是家畜还是野物，都患上了"砷性肠炎、胃溃疡和肝硬化"。养在精炼厂附近的羊群患上了鼻窦癌，死后还从其大脑、肝脏和肿瘤细胞中检测出了砷残留。这一地区的"昆虫也损伤惨重，尤其是蜜蜂。雨水把含砷粉尘从植物茎叶上冲刷下来，汇入了溪流和池塘，毒死了大量鱼类"。

有一种广泛用于对付螨类和蜱虫的新型有机杀虫剂就属于致癌

物。这种药物的应用史充分证明了一点：尽管法律上存在预防措施，但公众很可能一直接触某种确切无疑的致癌物长达数年之久，而相应的法律程序才缓缓启动。这个故事从另一个角度来看也很有意思：民众今日接受的"安全"事物，可能明天就变得危险至极。

1955年，这种化学药品刚刚面世之际，生产商就在为其申请"容许量"的许可，希望可以允许这种药物在作物上少量残留。生产商按照法律规定开展了动物实验，并把测试结果与"容许量"申请一同提交给官方机构。但美国食品和药品监督管理局的科学家从实验结果中分析出了另外一个结论：这种物质可能存在致癌效果，于是局长自然建议采用"零容许量"，也就是说，州际运输的食品当中不允许有任何残留。但生产商也有上诉的权利，因此本案又发给一个委员会重新审议，最后给出了一个折中的裁定：为此产品设定1 ppm的容许量，准其上市两年；在此期间进一步开展实验室检测，以确定其是否致癌。

尽管委员会没有明说，但这个裁定无疑意味着民众成了测试某种化学物质是否致癌的豚鼠，就像实验室里的狗和老鼠。而动物实验很快就得出了结论——两年的实验期满，证明这种杀螨剂就是致癌物。这时已经进入了1957年，但食品和药品监督管理局仍然没有立即撤销容许量，因此这种已经毫无异议的致癌剂还在污染着民众的粮食供应。执行各项法律程序又花了一年时间，直到1958年12月，食品和药品监督管理局局长在1955年提议的"零容忍"才终于落实。

这种农药绝非人们确定的唯一一种致癌杀虫剂。动物实验表明DDT也会引发疑似肝脏肿瘤的问题。食品和药品监督管理局的科学家觉得这种肿瘤难以分类，但认为"将其视为低级肝细胞癌组织是比较合理的"。休珀博士现在已经将DDT明确无疑地归类为"化学致癌物"。

人们发现，IPC和CIPC这两种氨基甲酸酯类除草剂与实验鼠的皮肤肿瘤有着重要关联，有些肿瘤还是恶性的。这些化学物质似乎能够诱发细胞的恶性病变，随后又在环境中其他化学物质的作用下，使肿瘤得以真正形成。

实验显示，除草剂氨基三唑（aminotriazole）能够诱发受试动物的甲状腺癌。美国一些种植蔓越莓的农户在1959年大肆使用这种农药，导致一些上市的莓果含有农药残留。美国食品和药品监督管理局没收了这些被污染的莓果，结果激发了一场论战，抗议的声浪甚嚣尘上，很多人都认为这种化学物质并不属于致癌物，其中不乏一些医学人士。但管理局披露的研究结果明确显示氨基三唑确实会导致实验鼠患癌——实验鼠摄入了含有100 ppm浓度药物的饮用水之后（相当于10000匙水中混入1匙药物），从第68周开始产生甲状腺肿瘤；两年后，半数以上的实验鼠患上了肿瘤，良性恶性兼有。即使是低剂量摄入，也会诱发肿瘤。事实上，迄今为止还没有发现不会产生肿瘤的剂量。当然，没有人知道摄入多少氨基三唑会让人类患上癌症，但哈佛大学医学院教授大卫·路斯汀（David D. Rutstein）指出，这个特定的致癌水平对人类而言是福也是祸。

然而，我们目前的研究年限还太短，不足以揭示新型氯化烃杀虫剂以及现代化除草剂的全面影响。大多数恶性肿瘤的发展极为缓慢，受害者可能要经历漫长的生命跨度，才会表现出临床症状。20世纪20年代有一些给汽车仪表刷闪光涂料的女工，因为嘴唇接触过毛刷而吞入了微量的辐射物，后来过了15年以上，这些女工才陆续患上了骨癌。还有一些人因为职业缘故接触了化学致癌物，但要等到15~30年甚至更久之后，一些癌症才开始显现。

以上就是人类接触工业致癌物的情况。人类第一次接触DDT是在1942年，最早用于军事人员身上，而平民则从1945年开始接触DDT。直到20世纪50年代早期，杀虫剂的品类才突然丰富起来，五花八门的杀虫剂纷纷面世。不管这些化学药剂将诱发什么样的恶性肿瘤——总之癌变的种子已经播下，但恶果完全成熟的时日远未到来。

虽然多数恶性肿瘤的潜伏期通常很长，但人们已经知道有一种病是特例：白血病。广岛原子弹爆炸后才3年时间，幸存者就出现了白血病的症状。现在人类已经有理由认为这种病变的潜伏期相当短，未来可能还会发现其他潜伏期较短的癌症，不过目前看来，癌症普遍都是缓慢发展的，只有白血病是个例外。

现代杀虫剂诞生以来，白血病的发病率一直在稳步上升。美国国家人口统计局的公开数据明确显示，造血组织恶性疾病的患病概率正在逐年提高，这个情况令人深感困扰。1960年当年，单单白血病就夺走了12290名患者的性命，而各类血液和淋巴恶性肿瘤造成的死亡总数比1950年上升了很多（1950年为16690例，1960年已达25400例）。统计数据显示，每100万人中有141人患癌死亡，而1950年这个数字只有111人。美国的情况绝非个例，世界各国各个年龄段死于白血病的人数都在不断增多，年均增长率达到4%~5%。这意味着什么？人类的生存环境中究竟多了哪些前所未有的致命因子？

梅奥诊所（Mayo Clinic）等享誉全球的医学机构目前已经收治了数百位罹患造血器官恶性疾病的患者。根据梅奥诊所血液科的马尔科姆·哈格雷福斯（Malcolm Hargraves）博士及其同事的报告，这些患者无一例外都接触过有毒化学品，比如施放过含有DDT、氯丹、苯、林丹、石油馏出物等成分的农药。

　　因为接触有毒物质而产生的环境性疾病越来越多，"过去十年来尤其如此"，哈格雷福斯博士如是说。他从丰富的临床经验中得出了如下结论："绝大多数患有血质不调和淋巴疾病的病人都接触过一定量的烃类物质，而烃类物质包括如今绝大部分杀虫剂。从详细的病史记录之中一定能找到与之相关的蛛丝马迹。"哈格雷福斯博士接诊过大量患有白血病、再生障碍性贫血、霍奇金淋巴瘤[1]以及其他血质不调或造血组织疾病的病人，积累了大量详细的病例记录，他表示："这些患者无一例外全都接触过环境致癌因子，而且接触量相当可观。"　其中一个病例涉及一位非常厌恶蜘蛛的家庭主妇。8月中旬，她用一种溶于石油馏出物的DDT喷剂把地下室彻底喷了一遍，包括台阶底下、水果柜内侧，还有天花板和棚顶椽子的死角处。喷完药剂之后她就开始觉得恶心、反胃，精神极度烦躁紧张。几天后她觉得好些了，但显然没有好好反省身体不适的原因。9月，她又把地下室重新喷了一遍药，后来又喷了两次。每次喷完药她都感觉身体不适，但一恢复过来她就又去喷药。第三次喷完药，新症状出现了：她开始发烧、关节疼痛、浑身难

1　霍奇金淋巴瘤（Hodgkin's lymphoma，HL）是青年人中最常见的恶性肿瘤之一。最初发生于一组淋巴结，以颈部淋巴结和锁骨上淋巴结最为常见，然后逐渐扩散到其他淋巴结。晚期还可侵入血管，以及脾、肝、骨髓和消化道等组织器官。

受，而且一条腿得了急性静脉炎。哈格雷福斯博士诊断她得了急性白血病，确诊之后的第二个月她就去世了。

哈格雷福斯博士的另一位病人是一位职业人士，办公室位于一座蟑螂出没的老旧建筑物。办公室里有蟑螂是很尴尬的事，所以他自行采取了防治手段。某个星期日，他花了大半天往地下室和边边角角的地方喷洒杀虫剂。他使用的是25%浓度的DDT-甲基萘悬浮剂。不久他身上就泛起了瘀青，进而开始流血。他带着浑身的出血点去就诊，医生检测了他的血液，发现他患上了严重的骨髓衰退症——再生障碍性贫血。在接下来的五个半月里他接受了各种治疗手段，光是输血就输了59次。后来他的症状得到了部分缓解，但9年后又患上了致命的白血病。

这些病历显示，病人接触得最多的杀虫剂包括DDT、林丹、六氯化苯、硝基苯酚、常用的防治蛾类的晶体物质对二氯苯（樟脑丸）以及溶解这些物质的溶剂。正如哈格雷福斯博士一再强调的，接触单一化学物质是一种例外，而不是普遍情况。商用农药一般都含有好几种化学物质，共同悬浮在用石油馏出物和分散剂配成的溶剂当中。损伤造血器官的主要物质很可能是含有芳香烃和不饱和烃的溶剂，而非农药，但从临床实际而非医学理论的角度来看，这种区别无关紧要，因为接触这些石油馏出物是一般喷药过程中不可避免的行为。

哈格雷福斯博士认为，这些化学物质与白血病及其他血液失调症存在因果关系。美国和世界各国的医疗文献中有很多病例证明他的观点是正确的。病例中的患者就是普通民众，有的是因为手持喷药或飞机喷药出现漂移而沾染了药液的农民，有的是在书房喷药灭蚁之后又待在屋里学习的大学生，有的是在家里安装了便携式林丹雾化器的家庭主妇，也有的是在喷了氯丹和毒杀芬的棉田里辛勤劳作的棉花工人。这些案例都以晦涩的医学术语写就，但字词背后隐藏着一起又一起令人痛心的人间惨剧，例如捷克斯洛伐克一对表兄弟的不幸遭遇。这两个男孩住在同一个镇上，总是一起嬉戏、一起劳作。他们最后一份致命的工作是在一家合作农场卸货，而货物是一包包的杀虫剂——六六六。8个月后，其中一个男孩突然病倒，患上了急性白血病，9天后就去世了。就在同一时期，他的表兄觉得自己很容易疲劳，而且常常发烧。又过了不到3个月，他的症状越来越重，只能入院治疗，诊断结果和他的兄弟如出一辙：急性白血病，最终病魔也夺去了他的性命。

还有另一个案例记载了瑞典一位农民的怪异经历，让人联想到日本渔民久保山爱吉以及著名的"第五福龙丸"号渔船事件[1]。这名农民身体很健壮，常年在土地上辛勤劳作以求温饱，就像久保山爱吉在海边捕鱼讨生活一样。两个人都是被从天而降的粉尘判了死刑，但一种是辐射微尘，一种是化学粉尘。瑞典的这位农民用一种含有DDT和六氯化苯的农药处理了60英亩田地，施药的时候来了一阵微风，把药粉刮到了他的身边。根据隆德（Lund）医疗中心的记载："当天晚上他就觉得身体异常疲劳，随后几天感觉浑身无力、背疼、腿疼、打寒战，只能卧床休息。后来他的情况逐渐恶化下去，5月19日（即喷药当日一个星期后），他向当地医院申请住

1　1954年3月1日，日本远洋渔船"第五福龙丸"号在马绍尔群岛附近海域捕鱼，受到美国在比基尼岛试爆水下氢弹的影响，23名船员全部遭受核辐射，无线通信长久保山爱吉半年后死于急性放射能症。

院。"他开始高烧，血常规检验结果也不正常，最后在转送到隆德医疗中心的两个半月后不治身亡。尸检发现，他的骨髓已经完全萎缩了。

细胞分裂这样一个常规而必要的生理过程为何会发生如此剧变，以至于面目全非、具有破坏性？这个问题吸引了无数科学家投入研究，也已经耗费了无数资金。是什么改变了细胞的正常增殖，让它变成了疯狂激增的癌细胞？

等到谜底揭晓之日，人们必然会发现答案相当复杂。癌症本身呈现出多种多样的症状，各种病源不同的癌症有着不同的表征、不同的病程，使其恶化或好转的影响因子彼此不同，因此成因自然也千奇百怪，但在这些复杂表象的背后也许只存在着几种最基本的细胞损伤模式。在世界各地的癌症研究中——有时甚至从非癌症研究的项目中，我们已经看到了朦胧闪现的曙光，终有一天我们会彻底破解癌症的奥秘。

我们再度领悟到，只有从细胞和染色体这些最小的生命单元入手，才能获得更广阔的视野，洞察癌症之谜。我们必须深入微观世界之中，寻找那些让细胞奇妙的运行机制脱离正轨的因素。

关于癌细胞起源最精彩的理论是由一名德国生化学家奥托·海因里希·沃伯格（Otto Heinrich Warburg）教授提出的，他目前是马克斯-普朗克研究所（Max Planck Institute）细胞生理学研究所的所长。沃伯格教授将毕生精力献给了细胞氧化的复杂过程，他通过丰富而广泛的研究，为正常细胞的癌变提出了一个精妙而明晰的解释。

沃伯格认为，辐射致癌物和化学致癌物的作用机理是相同的，都是破坏正常细胞的呼吸作用从而使其无法产生能量。这种效果可能需要多次接触微量致癌物才会产生，但一旦产生就不可逆转。致癌物会阻碍细胞的呼吸作用，而没有被直接杀死的细胞会努力补偿自身损失的能量。由于它们无法开展原先那种生成大量ATP的神奇而高效的循环，只能采取一种更加原始低效的方式——发酵作用。以发酵作用维持生存的斗争会持续很久，而细胞分裂会把这种发酵呼吸方式一代代传递给子细胞，于是每一代子细胞都带有这种异常的呼吸模式——一旦细胞失去了正常呼吸能力，它就再也无法恢复，无论是一年，还是十年或者几十年。但这些细胞一点一点在残酷的挣扎中恢复了能量供应并幸存了下来，开始以增强发酵作用的方式来代偿呼吸作用——这是达尔文式的斗争，只有"适者"才能生存。终于在某个时刻，细胞以发酵作用生成的能量足以与呼吸作用相媲美。到了这一刻，我们就可以说，一颗正常的人体细胞彻底变成了癌细胞。

沃伯格的理论也解开了其他方面的谜团。大多数癌症的潜伏期之所以很漫长，正是因为细胞从最初的呼吸作用受损到演变成发酵呼吸需要一段时间，要经过无数次细胞分裂。各个物种的细胞发酵速率不同，因此细胞形成发酵呼吸能力的时间也不同：大鼠细胞需要的时间很短，所以癌症发作较快；人类细胞则需要很长时间（甚至几十年），因此癌症在人体中的发展就相对从容缓慢。

沃伯格的理论也说明了为什么在某些情况下，反复接触小剂量致癌物比一次性大剂量接触更危险。因为后者会直接杀死细胞，但小剂量反复接触则会让细胞在受损状态下继续存活，幸存下来的细胞就会逐渐变成癌细胞。这也就是为何致癌物没有所谓"安全剂量"的原因。

从沃伯格的理论出发，我们也理解了另外一个长期以来让人迷惑不解的情况——为什么同一种物质既可能导致癌症，也可以治疗癌症。众所周知，放射性物质既能杀死癌细胞，也能诱发癌症，目前一些抗击癌症的化学药物也有同样的特性。这是因为两类物质都能破坏呼吸作用——癌细胞的呼吸作用已经出现了缺陷，再受到额外损伤就会死亡；而正常细胞的呼吸作用则是首次受到损伤，虽然没有被立即杀死，但极有可能走上了癌变的道路。

1953年，一些研究人员利用长期间歇性剥夺供氧的方式诱发了正常细胞的癌变，证实了沃伯格的理论。1961年，又出现了另外一例佐证，不过这一次是活体动物的实验，而非人工培养的组织。研究人员给患癌小鼠注射了放射性示踪物，随后仔细测量它们的呼吸作用，发现情况和沃伯格所预测的完全相同——细胞的发酵速率显著高于正常水平。

以沃伯格创立的标准来衡量，大多数杀虫剂完全可以划归为致癌物。上一章我们探讨过，很多氯化烃类或酚类杀虫剂以及某些除草剂都能干扰细胞内部的氧化供能过程，于是就产生了休眠的癌细胞。这些不可逆转的恶性肿瘤细胞长期处于"昏睡"状态，无法检测。而经过漫长的潜伏期，当致癌的真正原因已经被人遗忘，甚至都不会引起怀疑的时候，癌症才终于爆发，成为能够被医学手段检查出来的明显症状。

另一种癌变的途径可能与染色体相关。许多该领域最出色的研究人员都在以怀疑的目光审视着任何可能损害染色体、干涉细胞分裂或导致突变的因素。他们认为任何基因突变都有可能诱发癌变。

虽然基因突变一般指的是生殖细胞的突变，但体细胞也有可能发生突变。根据癌变源于突变的理论，细胞会在放射性或化学物质的作用下发生突变，逃脱躯体对细胞分裂的常规控制，从而以不规律的方式迅速增殖，而分裂出的新细胞同样有逃脱控制的能力。因此，随着时间推移，这种细胞越来越多，最终形成了癌肿块。

其他一些研究人员指出了一个事实：癌变组织的染色体状态很不稳定，可能是破碎或受损的，而且数量忽高忽低，甚至有可能存在两套染色体。

最先对染色体异常至癌变发生的全过程进行追踪的科学家是艾伯特·莱文（Albert Levan）和约翰·比塞尔（John J. Biesele），两位都任职于纽约著名的斯隆-凯特琳癌症研究中心（Sloan-Kettering Institute）。当被问及癌变和染色体异常的情况孰先孰后，两位研究员毫不犹豫地表示："染色体异常先于癌变。"他们推测整个过程是这样的：染色体最初受损之后，要经过较长时间才能形成"染色体不稳定"[1]的状态，中间要经历很多代细胞分裂，细胞在这个不断试错的过程中（即癌症的长期潜伏期）逐渐累积着各种突变，最终得以逃脱机体的控制，开始无规律地增殖，于是癌症也就随之形成。

奥贾温德·温赫（Ojvind Winge）是染色体不稳定理论的早期拥趸之一，他认为染色体倍增是癌变的显著特性。此外，很多详细的医疗记录也都反映出了一个现象：能使受试植物染色体数量加倍

1　染色体不稳定（chromosome instability）指染色体易发生数目及结构异常的现象，现代肿瘤研究理论认为染色体不稳定是基因组不稳定的重要原因，因此也是肿瘤发生发展过程中的重要因素。

的六氯苯酚和同类药物林丹恰好都是与致命的贫血症有关的化学物质——难道这一切只是巧合吗？其他干扰细胞分裂、造成染色体断裂、引起突变的杀虫剂又有怎样的作用呢？

我们知道，放射性物质和类放射性化学物质引发的疾病当中最常见的一种是白血病，原因很简单：物理和化学诱变因子的目标正是那些分裂最为活跃的细胞，这涉及人体多种组织细胞，但最主要的还是造血细胞。骨髓是人体生成红细胞的主要组织，每秒可向血管中输送1000万个新生的血细胞，这个过程会持续终生；白细胞则是在淋巴腺体及某些骨髓细胞中生成，速率不定，但同样惊人。

某些化学物质对骨髓有特殊的亲和性，这又让我们想到了锶90之类的放射性产物。苯是杀虫剂溶剂的常用组分，它会在骨髓中沉积下来，残留期可长达20个月。医学文献在很多年之前就将苯列为白血病的诱发因子。

此外，儿童迅速发育的身体组织是最适宜恶性细胞生长的环境。麦克法兰爵士指出，世界范围内的白血病患者数量日益增多，但3~4岁的幼儿患者最为常见，而同年龄段的其他疾病发病率都很低。这位癌症研究领域的权威人士表示，"目前，对于3~4岁幼儿出现发病高峰的情况只有一个解释：幼儿在出生前后就已经接触到了刺激基因突变的物质"。

另外一种能够引发癌症的诱变剂是尿烷。怀孕小鼠给药后不但自身产生了肺癌，而且生下的幼鼠也患有肺癌。这些实验中的幼鼠只有在出生前才有机会接触到尿烷，这证明化学物质一定透过了胎盘。休珀博士警告说，由于胎盘传递的原因，接触过尿烷或相关化学药品的人们的子女可能在婴幼儿时期产生肿瘤。

尿烷是氨基甲酸酯类农药，化学成分与除草剂IPC、CIPC有类似之处。尽管癌症专家已经反复发出警告，氨基甲酸酯仍在广泛使用，不仅作为杀虫剂、除草剂、杀菌剂，还用于生产塑化剂、药物、服装、绝缘材料等多种产品。

此外，致癌的途径也可能是间接的。虽然有些物质通常不算致癌物，但仍然有可能干扰人体某一部分的正常运作，导致恶性病变。其中一些最突出的例子是由性激素失调引发的癌症，尤其是生殖系统的癌症，而失调可能是由于某些物质影响了肝脏调节荷尔蒙分泌量的能力。氯化烃类农药正是这种间接致癌物，因为所有氯化烃类物质都有一定的肝脏毒性。

当然，如果性激素在人体中正常存在，可以对生殖器官的生长发育起到必不可少的刺激作用。但人体也存在着防止性激素过度积累的保护机制，而肝脏的作用就是保证两性激素的分泌量比例合理（无论男性还是女性，体内都会分泌两性激素，只是分泌比例有所不同），防止某一种激素超量积累。但如果疾病或化学物质损伤了肝脏，或者体内的B族维生素供应不足，肝脏就会失去这种功能，于是雌性激素就会累积到一个异常高的水平。

我们已经从动物实验中观察到了性激素失衡的后果。美国洛克菲勒医疗研究所的一名科研人员发现，患有肝病的兔子子宫肿瘤发病率非常高，因为肝脏无法抑制血液中的雌激素含量，以至于"飙升到了致癌的水平"。以小鼠、大鼠、豚鼠和猴子为受试对象开展的大量实验表明，长期摄入雌激素（给药量并不一定很高）会导致生殖器官的组织变性，"有时产生良性的过度增长，有时引发确凿无疑的恶性病变"，摄入雌性激素可引发仓鼠的肾脏肿瘤。

尽管医学界在这个问题上尚存不小的分歧，但已有很多证据表明，人体组织也会受到类似的影响。麦吉尔大学（McGill University）皇家维多利亚医院的研究人员发现，他们研究过的150起子宫癌病例当中，有三分之二的患者雌激素分泌异常活跃，后来研究的20例子宫癌患者中也有90%的人有类似现象。

有时非常轻微的肝损伤已经足以导致雌激素失调，但以目前的医疗手段根本检测不到这种损伤。对氯化烃类农药而言，只需要很低的摄入量就足以让肝细胞变性，所以很容易引起类似的肝损伤。此外，氯化烃类物质还能导致B族维生素流失，这也是极为重要的原因；因为另一个证据链显示，B族维生素有保护细胞、预防癌变的作用。罗兹（P. Rhoads）生前曾任斯隆—凯瑟琳癌症研究中心的院长，他发现，如果给接触过强力诱变剂的动物饲喂酵母，动物就不会出现癌症，而酵母含有天然B族维生素。与B族维生素缺乏伴生而来的病症包括口腔癌以及其他消化道癌症，不仅美国有这种情况，在瑞典和芬兰北部的偏远地区也观察到了类似现象，这是因为当地膳食中普遍缺乏维生素。易患原发性肝癌的人群一般都有营养不良的问题，典型群体如非洲的班图（Bantu）部落。非洲部分地区盛行男性乳腺癌，这种病与肝脏疾病和营养不良有关。而二战后希腊男性多发的乳房增大症正是饥馑时期遗留的常见病。

简而言之，目前的研究已经证实了杀虫剂能够损伤肝脏、减弱B族维生素的供应，并因而导致"内源性"激素（也即人体自然分泌的激素）水平增高，这就是杀虫剂间接致癌的原理。此外，人类每日接触的各种合成雌激素也越来越多——化妆品、药物、食品中的各种合成雌激素成分，还有因职业原因而接触到的激素类物质等等。这些因素彼此结合，足以形成令人无比警惕的威胁。

人类在生活中难免要接触包括杀虫剂在内的各种致癌化学品。有时，人们可能经由不同途径接触同一种化学品，比如砷类物。砷遍布人们的生存环境之中，空气和水中有砷类污染物，食物中有砷类杀虫剂的残留，药物、化妆品、木材防腐剂，甚至油漆和墨水的染色剂也都含有砷化物成分。单独接触任何一种污染源也许都不至于突破引发恶性肿瘤的临界点——不过，在一次次微量累积之后，摄入的任何一点"安全剂量"都可能是压倒骆驼的最后一根稻草。

另外还有一种可能：两种或多种致癌物共同作用，伤害彼此叠加，最终引发恶性病变。举例来说，接触了DDT的人，几乎必然也会接触其他损伤肝脏的烃类物质，因为目前市面上的溶剂、脱漆剂、脱脂剂、干洗液、麻醉剂基本都由烃类物配制而成。在这种情况下，DDT的"安全剂量"又是多少呢？

如果考虑到化学物质之间还会因彼此作用而变性，这个问题就越发复杂了。有时需要两种化学物质的共同作用才能引发癌症——其中一种物质提高了细胞或组织的敏感性，另一种化学物质或催化剂诱发真正的恶性病变。所以，除草剂IPC和CIPC可能在皮肤癌的形成过程中起到了诱发作用，播下了癌变的种子，等待着另一种物质（可能是很常见的清洁剂）补上最后一击，触发真正的病变。

有时物理因子和化学因子也会交互作用。例如白血病的生成可能分为两个阶段，首先X射线起到诱发作用，让恶性病变的进程悄然启动，随后另一种化学物质（例如尿烷）起到促进作用。人类从各种渠道接受的辐射量越来越多，接触的化学物质也越来越庞杂——这已经成为现代社会独有的严峻问题。

有放射活性的物质对水源的污染则是另外一个威胁。水中的污物常常含有化学物质，而放射性物质的电离辐射有可能让化合物发生原子重排，从而彻底改变化合物的特性，生成人们始料未及的新物质。

如今，无处不在的清洁剂已成为污染公共水源的元凶，让全美国的水污染专家忧心忡忡，但尚未找到可行的清除手段。清洁剂本身并不会致癌，但很有可能间接引发一系列消化道癌症。清洁剂会改变人体组织的性质，使之更易吸收危险的化学物质，因此增加了癌变风险。可是，谁能够事先预见到这种影响并加以控制呢？接触诱变剂的后果千变万化，除了"零接触"以外，哪里还有什么"安全剂量"？

如果我们能容忍致癌物污染环境，就要承担这种行为的风险——最近的一起事件清晰地体现了这种风险的严重程度。1961年春，美国联邦与州级养鱼场和私人鱼塘里的虹鳟鱼突然爆发了肝癌，美国从东到西各个地区的鳟鱼都受到了感染，有些区域3龄以上的鳟鱼几乎全部患上癌症。之所以有了这个发现，是因为美国国家癌症研究所下属环境癌症署曾联合鱼类和野生动物管理局共同开展了一项普查患癌鱼类的研究项目，旨在提防水污染的致癌风险，并在其波及人类之前发出预警。

尽管尚未查明癌症大面积流行的确切原因，但最有力的证据表明，在制备鱼饲料的时候，其中的一些添加剂可能存在问题，这些饲料除了常规鱼食，还掺入了剂量惊人的化学添加剂和药物。

虹鳟鱼的故事具有多重意义，但最突出的一层在于栩栩如生地展现了强力诱变剂被引入任何一种生物生存环境的可怕后果。休珀博士认为，这场流行病为我们敲响了警钟——人类必须加倍重视控制环境诱变剂的种类和数量。他表示："如果迟迟不采取预防措施，未来这种灾难就会降临到人类头上，而且规模也将更加骇人。"

正如一位调查人员所言，当人类醒悟到自己原来生活在一片"诱变剂的海洋"之中，就很容易陷入消沉和绝望之中无法自拔。最常见的反应是："难道这不是穷途末路吗？""我们已经不可能清除环境中的致癌物了，那么何苦还要往这个方向浪费时间，何不全力开发抗癌药剂？"

这个问题也摆在了休珀博士的面前，他是癌症领域的杰出学者，因此人们应当重视他的回答。休珀博士深思熟虑了很久，从他一生的研究经历中提炼出了一个判断，他认为，如今人类面临癌症的情形与19世纪末的人类面临传染病的情形极为相似。巴斯德和科赫的杰出工作让我们了解了病原体和多种疾病之间的因果关系，让医学人士甚至普通民众明白，人类的生存环境当中同样生存着无可计数的致病微生物，就像今日在我们四周也遍布着致癌物一样。目前，最可怕的几种传染病已经被人类控制在了合理的程度之内，有一些已经被彻底歼灭，这一非凡成果是通过预防与治疗双管齐下的手段才最终获得的。不论那些打击病原体的"魔力子弹"和"神奇药剂"让外行人觉得多么神奇，但人类征服传染病的决定性战役，大多都是靠着消灭环境中的致病微生物才打赢的。这一点在历史上有一个经典案例为证——也即100多年前的伦敦霍乱大暴发。当时伦敦有一位叫作约翰·斯诺（John Snow）的医生绘出了疫病患者的分布图，发现所有病人都来自同一个地区，而这个地区的所有居民都从"宽街"[1]的一口井中汲水。于是斯诺博士立即采取了预防措施——卸掉了那口井的压水器手柄，于是疫病得到了控制。并没有什么杀死（当时尚属未知疾病的）霍乱病菌的神奇药丸，真正有效的措施是从环境中消灭了这种病原生物。治疗措施也能起到重要作用，因为病人痊愈之后，传染病菌的源头载体就减少了。举个例子，肺结核这种疾病如今之所以很罕见，主要是由于人们在生活中很少能接触到结核病菌的缘故。

如今，整个世界充满了致癌物。在哈珀博士看来，只关注癌症的治疗或者把大部分精力投入到治疗手段的开发上（暂且假设人类有可能找到"治愈"癌症的手段），必然会让人类在对抗癌症的战争中一败涂地，因为环境中贮藏的大量致癌物仍然毫发无损，致癌的速度会比治愈的速度快得多，何况目前看来，"治愈癌症"仍然是个虚无缥缈的目标。

然而，我们为何迟迟没有采取这种常识性对策来解决癌症问题？休珀博士认为背后的原因也许在于，"治疗癌症患者比研发预防措施更辉煌、更激动人心、更触手可及，而且回报更高"。不过，防止癌症永不发生的措施"更加人道"，而且比"治愈癌症更富有成效"。哈珀博士对那些"每天早餐前吃一片魔力药片"就可以预防癌症的天真念头嗤之以鼻。公众迷信这一类疗法，是因为他们心存误解，总以为癌症是一种病因神秘莫测但单独存在的疾病，所以总喜欢寄希望于单一疗法，但这种一厢情愿的念头与事实相去甚远。就像环境性癌症可能由多种多样的化学

1　宽街（Broad Street）位于英国牛津中心区，街道上坐落着牛津大学贝利奥尔学院、牛津大学三一学院、艾克赛特学院、科学史博物馆、克拉伦登楼、谢尔登剧院等重要历史建筑。

和物理因子诱发一样，恶性病变本身的情况及其生理学效应也是千差万别的。

虽然我们必须继续研究癌症疗法，研究如何减轻癌症患者的痛苦，但我们不能指望一劳永逸的解决方案会突然出现——这种想法会对人类整体造成伤害。治愈癌症的方法只能慢慢寻找，不可能一蹴而就。我们投入了数百万美元的研究资金、孤注一掷地为已知癌症寻找疗法，但在这些时候，我们其实就是在白白放跑预防癌症的黄金机会。

预防癌症绝不是毫无希望的行动。目前致癌物遍地的情况和19世纪末传染病盛行的情况很相似，但有一个重要因素决定了如今的局面更为乐观——致病细菌并非由人类引入环境，而且人类传播细菌是一种被动行为。但如今向环境投放大量致癌物的主体是人类本身，所以倘若人类拥有强烈的意愿，我们便能够消灭很多环境致癌物。化学致癌因子遍布全球的原因有两个，其一颇具讽刺意味——人类在寻求便捷的生活方式；其二是因为生产和销售这种化学物质已经成为人类经济活动与日常生活中司空见惯的行为。

如果说随着社会不断进步，人类能够消除环境中的一切致癌物，那未免不太现实。不过其中一大部分化学物质绝非人类生活的必需品，如果能清除这些物质，致癌物的总量就会大大减少，前文提到的高达25%的患癌威胁也会得到明显缓解。人类应当果断消灭污染饮食、水源和大气的致癌物，因为这些物质会被人类以微小剂量年复一年地摄入体内，而这正是最危险的一种接触方式。

癌症研究领域的很多杰出专家都与休珀博士持同样看法，也认为如果人类决心搜寻环境中的致癌物并消除或减弱其致癌影响，那么恶性疾病的发病率就会显著降低。我们当然还要继续为身患癌症或处于潜伏期的人们寻找治疗手段，但如果从没有患癌的人们和子孙后代的角度来考虑，研发防癌措施显然刻不容缓。

第十五章

自然的报复

　　人类冒着极大风险试图把自然改造得称心如意，最终却事与愿违，真可谓绝大的讽刺——但这确实就是人类面临的现状。人人都已看到了真相，但很少有人愿意明确地讲出口：大自然从来不会轻易屈从于人的意志，即使是不起眼的昆虫也总能千方百计地逃脱我们的化学攻击。

　　荷兰生物学家布里格说道："昆虫世界中充满令人叹为观止的自然奇观，最匪夷所思的事情却司空见惯地发生。你越向深处探索，看到的奥妙就越惊人。"

　　这种"匪夷所思"之事主要发生在两个方面。

　　首先，基因选择让昆虫不断演化出抗药性品种，这个问题将在下一章详细讨论。现在我们要关注的是一个影响更广泛的问题：人类的化学攻击削弱了自然环境本身的防御能力，让它无法继续制约各个物种的平衡。每一次我们冲破了大自然的防线，就会有一波害虫蜂拥而至。

　　报告从全球各地纷纷传来，清楚地表明人类正面临着严重的困境。在为期10年的大规模化学防控之后，昆虫学家发现本以为几年前就已解决了的害虫又卷土重来，而新的问题也接踵而至——以前不成气候的昆虫如今也变成了肆虐一方的害虫。化学防控在本质上就存在缺陷，因为这种手段从设计到使用都是盲目片面的，从未考虑过生态系统的复杂特性。人们只单独测试过某种化学药物对寥寥可数的几种物种的作用，而没有测试过对生物群落的整体影响。

如今，有些地方流行将"自然平衡"视为一种只有在早期、原始的世界才能达到的状态，认为这种状态早已被彻底颠覆了，所以不必加以考虑。有些人觉得这种看法很省事儿，但如果把它作为实际行动的纲领，就会带来高度的危险。现代社会中的自然平衡概念相比远古时期确实有所变化，但它依然存在。自然平衡代表了生物间复杂、精密、高度一体化的关系网，人类绝对不可忽视自然平衡的力量，就像攀在悬崖边缘的人不能忽视地球引力一样。自然平衡并非固定不变的状态，它是流转变化的，处于持续调整当中。人类也是自然平衡的一个部分，有时从中受惠，有时却深受其害——而且这常常是人类自作孽的结果。

现代人在制订昆虫防控计划之时忽视了两个关键的事实，其一在于：最有效的昆虫防控机制源于自然演变，而非人类的设计，这种机制被生物学家称为环境阻力（environmental resistance），从生命诞生之初就存在于自然环境中——食物总量、气候条件、种间竞争以及天敌捕食都是构成环境阻力的重要因素。昆虫学家罗伯特·梅特卡夫（Robert Metcalf）说过："阻止昆虫统治世界的第一大因素就是它们彼此间的残杀。"但目前的绝大多数化学杀虫剂都没有选择性，将所有昆虫不分敌友，全数屠戮一空。

第二个被忽视的因素是：一旦环境阻力遭到削弱，物种就会释放出爆炸性的繁殖潜能。很多物种的繁殖能力之强超乎想象，有时我们可以窥见这种潜力的一角。我想起学生时代，向一个装有干草和水分的罐头瓶中加入几滴原生动物培养液，就能观察到奇迹般的变化：几天之内，罐头里就会长满左冲右突、回旋不止的小生命，那是数以亿万计的草履虫，每一只都小如微尘，在温度适宜、食物充足，而且没有天敌的伊甸园里自由繁殖；我还想起海岸的岩石上覆盖着一望无际的白色藤壶，还有一大群水母连绵几英里游过的奇景，它们如幽灵一般跳动不休的身影比海水还要虚无缥缈。

当鳕鱼在冬日游过海洋奔赴产卵地时，我们可以从中领略自然控制的奇迹。每一条鳕鱼都会产下数百万颗卵，如果所有鱼卵都能发育成成鱼，那么海洋就会变成一个挤满鳕鱼的罐头瓶，但事实上这种情况并不会发生。在大自然玄妙的掌控下，这数百万颗鱼卵中最终可以正常活到成年的个体，一般只有区区两条，恰好与亲鱼的数量相等。

生物学家经常会做一些极端的推演，聊以自娱：假如某种难以想象的灾难让自然制约全部失效，使物种的所有后代全部成活，这个世界将变成什么样子？一个世纪前，托马斯·赫胥黎[1]曾经据此估算过，一只雌性蚜虫（蚜虫有一种神奇的能力，不经交配就能繁殖）一年里繁衍出的后代的总重量，相当于当时整个大清帝国所有人口的体重总和。

幸运的是，这种极端情况只存在于理论假想当中，不过研究动物种群的学生最熟悉扰乱自然秩序的可怕后果。美洲牧民消灭土狼

1　托马斯·赫胥黎（Thomas Huxley, 1825–1895）：英国著名的博物学家、教育家，著有《天演论》。赫胥黎是达尔文进化论最坚定的支持者。

的狂热行动曾导致当地田鼠肆虐，因为土狼本是田鼠的天敌。而亚利桑那州凯巴布高原上鹿群的故事则是另一个例子：当地的鹿群数量一直与环境条件保持着平衡。在狼、美洲狮、美洲土狼等捕食性天敌的制约下，鹿的数量不会超过食物的供应量。后来，人类发起了一场杀死天敌、"保护"鹿群的活动，鹿群开始疯狂繁殖，当地很快就没有充足的食物供鹿群消耗了。鹿群啃咬树木嫩芽的位置越来越高，饿死的鹿也越来越多，甚至超过捕食者杀死的数量。此外，疯狂的觅食鹿群也让当地环境变得千疮百孔。

田野和森林中的捕食性昆虫扮演着和凯巴布高原上狼群一样的角色，一旦它们被赶尽杀绝，失去天敌的昆虫就会肆虐成灾。

没有人知道地球表面生活着多少种昆虫，因为很多昆虫种类尚不为人所知。不过人类记载过的昆虫已经超过70万种，这意味着从物种数量的角度来衡量，地球上70%~80%的生物都是昆虫。这些昆虫中的绝大部分都受到自然力量的制约，与人类丝毫无涉。否则很难想象人类有什么办法来控制它们的数量——不管喷多少杀虫剂，或者采用其他任何方式都无能为力。

但问题在于，我们常常要等到自然天敌的保护作用失效之后才幡然醒悟，意识到自然制约机制的存在。有太多人穿行于自然世界之中，却对它的美丽、惊奇、怪异以及有时令人生畏的生命密度视若无睹，因此昆虫的捕食和寄生性天敌的活动鲜为人知。可能有人注意到花园灌木丛中有一种外貌凶恶的奇异昆虫，也就是螳螂，而且能模模糊糊地意识到螳螂是靠捕食其他昆虫为生的。但我们只有在夜间去花园漫步，借着手电的亮光看到螳螂正在悄悄地接近猎物的时候，我们才会真正看懂目之所及的一切，才会感受到捕食者与猎物上演的这一幕戏剧背后的意义，才会理解大自然对各个物种毫不留情的控制力。

以猎杀其他昆虫为生的捕食性昆虫种类繁多，有一些动作迅捷无比，像燕子在空中闪电般叼住猎物一样灵活；另一些则沿着植物茎叶缓慢爬行，将面前拦路的附着性昆虫（例如蚜虫）全部吃干抹净；黄蜂会捕捉软体昆虫，用它们体内的汁液喂养幼蜂；泥蜂会在房屋地基的泥洞里修建柱状的巢穴，在巢里囤满供幼蜂食用的昆虫；沙黄蜂会在吃草的牛群头上盘旋，把折磨它们的吸血蝇消灭干净；食蚜蝇飞起来嗡嗡作响，经常被错认为蜜蜂，它会在蚜虫肆虐的叶片上产卵，孵出来的幼虫会吃掉一大批蚜虫。瓢虫是消灭蚜虫、介壳虫等植食性害虫的主力军，这种昆虫只为了在体内积蓄产一次卵的能量，事先就要杀死上百只蚜虫。

寄生性昆虫的奇特习性更让人叹为观止。它们不直接杀死寄主，而是通过各种方式改变寄主的状态，以便用其养育自己的幼虫。例如，寄生性昆虫可能会在捕食对象的幼虫体内或卵的内部产下自己的卵，等到这些卵孵化了，寄生性幼虫就可以从寄主身上吸收血液；有些则通过一种黏液将卵沾到毛虫身上，孵出的寄生性幼虫会自行钻破寄主的皮肤；另外一些昆虫仿佛有一种未卜先知的能力——它们只是事先把卵产在树叶上，然后爬过的毛虫就会不小心把这些卵吞到体内。

田间、篱笆、花园、森林，处处都有捕食性和寄生性昆虫活动的身影。蜻蜓猛然飞过一片池塘，双翼在阳光下熠熠生辉，它们的祖先也曾这样飞过栖息着大型爬行动物的沼泽。如今也和远古时代一样，眼神锐利的蜻蜓还是从空中直接捕食蚊子——它的6条腿合拢起来就成了一个囚笼。在池塘的水面下，蜻蜓的幼虫——水虿，也在捕捉蚊子等昆虫的水生幼虫。

叶片表面还有一种小到几乎看不见的昆虫——草蛉，长着绿纱般的翅膀和金色的眼睛，羞涩而隐秘地在叶面上爬行着。草蛉是二叠纪某个古老物种的后代，成年草蛉多以植物花蜜和蚜虫分泌的蜜汁为食，会把产下的卵高悬在长长的丝柄上面，柄的基部牢牢贴附在叶片表面。浑身毛刺的幼虫就从卵中孵化出来。草蛉的幼虫又叫蚜狮，靠捕食蚜虫、介壳虫、螨虫为生。蚜狮抓到蚜虫之后会吸干它体内的汁液。一只蚜狮在进入生命周期的下一阶段前可以捕食几百只蚜虫，然后就开始抽出白色的丝织成茧，躲在里面度过蛹期。

还有很多蜂类和蝇类也是靠寄生于其他昆虫的虫卵或幼虫而存活，在发育过程中杀死寄主。某些寄生于虫卵的蜂类虽然体形极为微小，但数量巨大、行为活跃，所以有效控制了很多作物害虫的数量。

这些小生命兢兢业业地工作着——无论晴雨，不分昼夜，即使严冬让生命之火化为灰烬，这股生气勃勃的力量也会如炭火一样暗暗燃烧，等待春日的到来，等待昆虫世界重新焕发生机。同时，在皑皑白雪下、在坚硬的冻土中、在树干的褶皱内、在荫蔽的巢穴里，寄生性和捕食性昆虫各自找到了度过隆冬的妙法。

螳螂的卵安安稳稳地躺在灌木丛枝叶上的薄卵囊中，而它们的母亲已经同刚刚过去的夏天一同逝去了。

一只雌性造纸胡蜂[1]怀抱着满腹受精卵，蔽身于被人遗忘的阁楼一角，整个种群的未来都取决于这些遗产，因为她是唯一的幸存者。她会在春天修建一只小小的"纸蜂巢"，然后在蜂巢的隔间里产下几颗卵，小心地抚养出一小群工蜂。在工蜂的帮助下她才能扩大蜂房，让族群不断发展壮大。而工蜂会在炎热的夏天不间断地觅食，从而消灭无数毛虫。

从生存习性以及人类的需求来看，这些昆虫一直是人类的盟友，在保持自然平衡的斗争中偏向我们，但我们却将炮口指向了它们。这种行为会让我们身陷险境。人类大大低估了这些盟友的价值——正是它们遏制了汹涌的虫潮，避免人类陷入灭顶之灾。

随着破坏性的杀虫剂数量和种类逐年增加，未来自然环境的天然制约效果会全面退化，这就是人类目前面临的越来越严峻的现状。随着时间推移，未来可能出现更为严重的害虫大爆发——可能是携带着致病因子的害虫，也可能是作物害虫。总之，届时的虫害之烈也许前所未见。

可能有人会问："没错，但这些结论难道不是纯理论推测出来的？""这种情况不会真的发生吧——起码不会在我的有生之年发生吧？"

实际上，这种情况眼下正在发生，而且已经遍及全球。截至1958年，科学刊物已经记载过约50种严重扰乱自然平衡的昆虫，每年还会发现更多新的品种。最近的一份研究综述引用了215篇文

1　造纸胡蜂（Polistes wasp）是欧洲的常见蜂种，在美国及加拿大属于入侵物种。之所以名为"造纸"，是因为这种胡蜂会从枯木和植物茎秆上收集纤维，再用唾液混合制造出一种灰黄色薄纸般的防水材质，用来建筑和修补蜂巢。

献，都是报告或探讨杀虫剂引发昆虫数量失衡的论文。

有时，化学喷雾恰恰助长了靶标昆虫的肆虐，比如安大略省的黑蝇在喷药后数量暴增17倍，英格兰地区喷洒有机磷杀虫剂之后导致卷心菜蚜出现了史无前例的大爆发。

其他情况下，虽然化学喷雾有效地杀灭了靶标昆虫，但也打开了潘多拉魔盒，让此前数量有限的昆虫陡然暴增，造成前所未有的灾难。以叶螨为例，它的天敌被DDT等杀虫剂杀灭之后，叶螨就变成了全球范围内的害虫。其实叶螨并不属于昆虫，它是一种肉眼几乎不可见的八足生物，是蜘蛛、蝎子、蜱虫的同类。叶螨长着适于穿刺和吮吸的口器，对植物世界普遍存在的叶绿素有着异常旺盛的食欲，它会把细小尖锐的口器刺入叶片或常绿树针叶的外层细胞之中吸食叶绿素。轻微的叶螨感染只不过会让树木和灌木丛产生胡椒粒一样的斑驳，而一旦泛滥就会让叶片变黄凋落。

这就是几年前美国西部国家森林的遭遇。1956年，美国林业局为了控制卷叶蛾，用DDT喷洒了88.5万英亩林地。但次年夏天人们发现，喷药带来了一个比卷叶蛾危害更严峻的问题：从空中可以看到森林已大面积枯萎，曾经无比壮丽的花旗松已大片大片变成了黄褐色，针状的叶子开始凋落。首先是海伦娜国家森林（Helena National Forest）以及大贝尔特山（Big Belt Mountains）的西坡，然后是蒙大拿州其他地区，最后一直蔓延到爱达荷州，所有的森林似乎都被火舌舐过一般焦黄一片。显然在1957年夏季，美国暴发了史上规模最大的叶螨灾害，几乎所有喷过杀虫剂的区域都受到了影响，但其他地方的破坏都不明显。林业人员回忆起了其他几次叶螨成灾的先例，但都没有这次严重。1929年黄石公园的麦迪逊河两岸也出现过类似的问题，然后是1956年的新墨西哥。每一次叶螨大爆发之前，林区都喷过杀虫剂（1929年的喷药行动使用的是砷酸铅，当时DDT还没诞生）。

为何使用杀虫剂反而会让叶螨迅速滋生？最直接的原因就在于叶螨对杀虫剂相对不敏感，此外还有两个重要原因：第一，自然界中制约叶螨的各种捕食性昆虫比如瓢虫、瘿蚊、捕食性螨虫等等都对杀虫剂极端敏感；第二与叶螨种群内部的压力有关：不受打扰的叶螨聚居地的种群密度很大，叶螨都聚集在一个保护网之下[1]躲避天敌，而喷药侵扰了叶螨的种群，却不足以杀死叶螨，于是它们会四散寻找藏身之处，因而获得了更广阔的空间和更充足的食物。而它们的天敌已死，叶螨也就没有必要浪费能量编织保护网，可以把所有能量都用于繁殖小叶螨，所以平均产卵量就会暴增3倍之多——而这一切都要拜杀虫剂所赐。

弗吉尼亚州有一处著名的苹果种植区——谢南多厄（Shenandoah）河谷，当地用DDT替代砷酸铅杀虫剂之后，一种被称为红纹卷叶虫（Red-banded leaf roller）的小型昆虫很快爆发成灾，让种植者头疼不已。此前这种昆虫对苹果园的破坏一直不算严重，但随着DDT使用范围逐渐扩大，卷叶虫导致的果树死亡率很快达到了50%，一跃成为苹果园中最严重的害虫，而且肆虐范围不仅限于当地，还蔓延到了美国东部和中西部的大部分地区。

现实情境屡屡对人类发出嘲讽。20世纪40年代末期，加拿大新斯科舍省（Nova Scotia）定期喷洒杀虫剂的苹果园里爆发了史上最

---

1 叶螨有吐丝结网的习性，有时会被误认为是蜘蛛，因此民间也将叶螨称为红蜘蛛、蜘蛛螨（Spider mite）。这里的"保护带"就是叶螨在不安全的环境下吐出的丝网。

严重的苹果蠹蛾（codling moth）灾害，果实上全是蛀出的小洞。但没喷过药的果园里的蠹蛾数量却很少，完全不构成危害。

苏丹东部的人们也在勤勤恳恳地喷农药，但同样事与愿违——喷洒DDT的棉花种植者收获了苦果。盖斯三角洲（Gash Delta）宜于灌溉的地区种有6万英亩棉花，由于在早期农药实验当中，每次施用DDT都有明显效果，所以喷药量不断增加，问题也就接踵而至。当地头号棉花害虫就是棉铃虫，可是棉花田喷药越多，棉铃虫数量也就越多，但没喷药的棉田当中棉铃和成熟棉朵的损失反而更小，而喷药两次的田块中的籽棉产量急剧下跌。尽管农药消灭了一些食叶害虫，但由此而来的任何好处都被棉铃虫造成的损失抵消了。最终棉农不得不接受这样一个令人不快的结论：如果他们没有自找麻烦，棉花产量本可以更高。

在比属刚果和乌干达等地，人们用大剂量DDT消灭咖啡树害虫的后果堪称"一场灾难"。这种害虫本身几乎对DDT完全免疫，但它的捕食性天敌却对DDT极度敏感。

在美国，农民用喷药一次次颠覆昆虫世界的动态平衡，一次次将现有的害虫赶走，换来更糟糕的一种。美国近来实施的两项大规模喷药计划就是在重蹈覆辙：一个是南部地区的火蚁根除项目，一个是中西部地区消灭日本丽金龟的项目（分别参见第十章和第七章）。

1957年，路易斯安那州的农场大规模喷洒七氯之后，甘蔗最凶恶的敌人——甘蔗螟虫在当地肆虐成灾。喷药之后没多久，螟虫造成的损害急遽上升。这种农药本来是要消灭火蚁的，却将甘蔗螟虫的天敌屠戮一空。当地的甘蔗作物损失如此严重，以至于蔗农开始起诉州政府的失职行为，因为政府事先没有警告过这种后果。

伊利诺伊州的农人们同样也付出了惨重的代价，为了防治日本丽金龟，伊利诺伊州东部地区的农场遭到了狄氏剂喷雾的毁灭性打击，但农民随后发现喷药区域的玉米螟数量暴涨，喷药田块的幼虫数量是未喷药田块的两倍。农民或许还没有认识到惨景背后的生物学规律，但不用科学家的指点他们也能看得出来，这种做法显然得不偿失——人类为了消灭一种害虫，却让另外一种破坏性更强的害虫肆虐成灾。据美国农业部估算，日本丽金龟每年造成的经济损失总计约为1000万美元，而玉米螟造成的损失却高达8500万美元。

值得注意的是，玉米螟的防控在很大程度上一直依赖自然本身的力量。1917年，这种昆虫被偶然从欧洲引进了美国，随后的两年中，美国政府开展了史上最大规模的自然防控计划，在全球范围内寻找和引进害虫的寄生性天敌。美国付出了巨额资金，从欧洲和东方地区引入了24种玉米螟的寄生天敌，其中5种体现出了巨大的防控价值。不过，前人的努力成果显然已经岌岌可危，因为这些天敌昆虫已经被农药喷雾杀灭殆尽。

如果上面这些例子已经让人心中油然而生一种荒谬之感，那么不妨再来看看加州柑橘林的情况：当地在19世纪80年代曾开展过一项成果卓著的生物防治研究，是全球非常著名的案例。1872年，加利福尼亚州出现了一种以柑橘树汁为食的介壳虫——吹绵蚧，在随后的15年内越发猖獗，让不少柑橘园颗粒无收。当地刚刚兴起的柑橘产业岌岌可危，很多橘农放弃了抵抗，把柑橘树全部拔掉。后来，政府从澳大利亚进口了一种寄生天敌——澳洲瓢虫（Vedalia）。进口这种昆虫的两年后，加利福尼亚柑橘种植区的吹绵蚧已经得到了全面控制。此后人们即便在柑橘丛中终日寻觅，也难以找到一只吹绵蚧。

但在20世纪40年代，橘农开始试用杀虫效果惊人的新型化学农药消灭其他昆虫。随着DDT等高毒农药的诞生，加州很多地区的澳洲瓢虫被屠杀一空。美国政府当年引进这种昆虫只用了55000美元的经费，却让橘农每年免除了几百万美元的损失。可是仅仅因为一时的轻率之举，此前的所有收效都被一笔勾销。介壳虫卷土重来，造成的损失之惨重超过半个世纪以来的任何害虫。

里弗赛德市（Riverside）柑橘实验研究站的保罗·德巴赫（Paul DeBach）博士说："这也许标志着一个时代的终结。"现在，控制吹绵蚧成了极其复杂的事情，只有反复投放澳洲瓢虫才能维持防控效果，而且必须小心地筹划喷药计划，才能尽可能让其免于接触杀虫剂。不过，不管橘农如何约束自己的行为也无济于事，因为他们的命运其实捏在邻近大块土地的业主手里——目前已经发生了好几起杀虫剂漂移事件，给柑橘园造成了严重的损失。

以上这些只是作物害虫的例子，那么致病昆虫的情况又如何呢？其实大自然已经向人类发出了警告：南太平洋的尼桑岛（Nissan）在第二次世界大战期间一直在频繁开展农药喷雾，不过敌对状态解除之后，喷药行动也停止了。很快，携带疟疾病原菌的蚊子就成群结队重新侵占了整座岛屿。由于所有捕食性天敌都已经死亡殆尽，来不及重新繁衍，所以疟蚊的数量出现了爆炸性增长。加拿大生物学家马歇尔·莱尔德（Marshall Laird）将化学防控比作一台跑步机：一旦开始迈动双脚，就永远不敢停步，否则将面对难以承受的后果。

在世界的某些角落，人们发现疾病与农药喷雾之间还有另一重联系。出于某些原因，螺类软体动物似乎对杀虫剂全然免疫，人们已经观察到不少类似情况。化学喷雾曾在佛罗里达州东部的盐沼地区造成了一场大屠杀，只有水生螺类幸免于难，人们记载了这个令人毛骨悚然的场景——类似超现实主义画家笔下的一幕：螺类一边在鱼尸和垂死的蟹子身上蠕动，一边吞噬着这些化学毒雨牺牲者的血肉。

螺类对杀虫剂免疫的情况对人类有着重要意义，因为很多水生螺类都是对人类有高度危险的寄生蠕虫的寄主，而这些寄生蠕虫生命周期的一部分时间在软体动物体内度过，一部分时间在人体内度过。血吸虫就是这样一种致病微生物，如果人类饮用了不洁净的水或在受感染的水域中沐浴，这种微生物就会从消化道或皮肤侵入人体，引发严重的疾病，而血吸虫正是由寄主螺类释放到水中的。这种疾病在亚非两洲的部分地区特别盛行，在发病地区采取昆虫防控措施会导致螺类数量暴增，很可能对人类造成严峻威胁。

当然，人类也并非螺类传播疾病的唯一受害者。牛、绵羊、山羊、鹿、麋鹿、兔子等温血动物也会感染肝吸虫而患上肝脏疾病，肝吸虫的生命周期中有一段时间是在淡水螺类的体内度过的。被蠕虫感染的动物肝脏不适合人类食用，所以必然会被认定为不合格的肉类。美国牧民因肉品遭拒而蒙受的经济损失每年高达350万美元。任何有助于螺类数量增长的行为都会让这一问题加倍恶化。

这些问题在过去10年里早已端倪初现，但我们迟迟不愿正视。大部分最适合开展自然防控研究并推动其实施的科学家，如今都投身于更加扣人心弦的化学防控领域当中。据1960年数据统计，全美

236

只有2%的应用昆虫学[1]家投身于生物防治领域的研究，余下98%的昆虫学家都在研究化学杀虫剂。

这一切何至于此？一方面，大型化工企业纷纷斥巨资赞助高校研发杀虫剂，这就为毕业生提供了有吸引力的奖学金和待遇诱人的教职岗位。而另一方面，生物防治研究从来没有获得过如此充足的资金支持——原因很简单，生物防治不能保证捐助人像在农药化工行业一样获得大笔财富，所以生物防治的研究只能交给州政府和联邦政府相关机构来进行，而这些地方的薪资水平就低得多了。

这也解释了一个令人困惑的现状：为什么某些最杰出的昆虫学家竟然是化学防控手段的拥趸？仔细梳理这些人士的研究背景就会发现，他们的全部研究项目都出于化工行业的赞助。所以他们就必须保证化学防控方法可以永久推行下去——他们的专业威望乃至整个职业生涯都维系于此。俗话说"拿人手短"，我们怎么能期待他们转过头去对金主恶言相向？既然我们已经知道他们有所偏袒，那么所谓"杀虫剂无害"的论调又有多少可信度呢？

目前，在一片推崇化学防控手段的声浪之中，还有一些微弱的反对声，是由一些尚未被金钱冲昏头脑的昆虫学家发出来的，他们仍然保持着清醒的认识——知道自己既不是化学家也不是工程师，而是生物学家。

英国生物学家雅各布（F. H. Jacob）表示："很显然，应用昆虫学家的行为表明他们相信喷壶口才是救世主……他们觉得如果他们的行为让害虫死灰复燃或产生抗药性，甚至让哺乳动物中毒，化

---

1 应用昆虫学（Applied entomology）又称经济昆虫学（Economic entomology），旨在利用昆虫生命活动的固有规律造福人类，因此更关注昆虫研究的实用目的以及经济效益。

学家总能开发出另一种药丸。但我们不认同这种观点……归根结底，只有生物学家才能为根治害虫的问题找到合理答案。"

加拿大新斯科舍省的皮克特（A. D. Pickett）博士在报告中写道："应用昆虫学家必须意识到一点，他们打交道的对象是鲜活的生命体……所以他们的工作绝不只限于简单的杀虫剂测试，或者不断开发破坏性更高的化学物质。"皮克特博士是利用捕食与寄生性天敌防治害虫的先驱，他与助手开发的防控手段如今已成为一个出色的先例，但效仿者寥寥。纵观全美，只有在加州某些昆虫学家开展的综合防控项目当中才能找到一些能与之媲美的防控手段。

大约35年前，皮克特博士在新斯科舍省安纳波利斯河谷（Annapolis Valley）的苹果园中开始了他的研究，那里曾是加拿大果园最密集的区域。那时，人们还相信使用无机杀虫剂可以解决昆虫防控的问题，以为只要让果农按照推荐方法喷药就万事大吉。但这个美好的愿景没有实现——不知何故，害虫一直顽固不去。于是人们开始引入新药物、设计更好的喷雾设备，对喷药的热情也与日俱增，可是害虫肆虐的问题并没有得到缓解。DDT面世后，承诺可以将卷叶蛾爆发的噩梦"彻底扫除"，结果却引发了史无前例的叶螨成灾。皮克特博士说："我们只是从一个危机走向另一个危机，仅此而已。"

当其他昆虫学家还在苦苦追逐高毒化学物质的幽幽鬼火，皮克特博士和他的助手却另辟蹊径。他们意识到大自然里本来就存在一支强大的同盟军，所以他们设计了一个把自然防控机制发挥到极致的实验项目。无论何时使用杀虫剂，都以最小剂量施放，也就是刚刚好能够杀灭害虫而不伤及有益品种的剂量。此外，施药的时机也很重要，如果在苹果花变成粉色之前施用硫酸烟精，重要的捕食性天敌就可以幸存下来（很可能因为这些昆虫当时仍然处在卵期）。

皮克特博士选择化学药物的时候非常谨慎，以期尽可能不给害虫的寄生性或捕食性天敌造成伤害。他表示："有朝一日，当我们把新型杀虫剂视为常规防控药剂，像以前使用无机杀虫剂那样随意喷洒DDT、对硫磷、氯丹的时候，那么即使是对生物防治感兴趣的昆虫学家可能也会彻底放弃。"他的关注重点并不是这些高毒广谱杀虫剂，而是鱼尼丁（从一种热带植物尼亚那中提取的一种植物碱）、硫酸烟精和砷酸铅这些物质，而且只在某些特定情况下才使用浓度极低的DDT或马拉硫磷（浓度一般为1~2盎司/百加仑，而常用浓度为1~2磅/百加仑）。尽管这两种农药已经是现代杀虫剂中毒性最低的物质了，但皮克斯博士仍然希望未来可以找到更安全、选择性更高的替代物。

那么这个项目效果如何呢？新斯科舍的果农遵循了皮克特博士改良后的喷雾方案，种出的优质水果比例与那些采用大规模喷药方案的果园不相上下，在产量上也毫不逊色。而且，他们以相对低得多的成本就取得了这样丰硕的成果。新斯科舍果园使用杀虫剂的成本仅相当于其他苹果种植区平均施药成本的10%~20%。

此外，还有一个事实比这些辉煌的成果更重要——出于新斯科舍科学家之手的改良项目没有破坏当地的自然平衡。人类如今正在逐渐理解加拿大昆虫学家乌里耶特（G. C. Ullyett）在10年前的一句话："我们有必要调整自己的哲学观念，摒弃身为人类的优越感。我们要承认，大自然中存在着很多限制生物种群规模的方法和措施，它们都比人工干预的方式更加经济有效。"

第十六章

雪崩前夕的轰鸣

如果达尔文生活在今天，能够目睹昆虫世界验证了 "物竞天择，适者生存" 的理论，那么他一定会在喜悦之余深感震惊。大规模化学喷雾将昆虫种群中的衰弱个体——剪除，只有那些最强壮、最能适应环境的个体才能躲过人类的防控手段幸存下来。

大约50年前，华盛顿州立大学昆虫系的一位教授梅兰德[1]提出了一个问题："昆虫能否产生抗药性？"如今看来这句话纯粹是设问句。如果说梅兰德教授显得有点后知后觉，只是因为他的问题提得太早——那是40年之前的1914年，DDT还没有诞生。人类在那个时代只能施用无机化学品，而且用量以今天的标准来看堪称保守，但就算这样，某些地方还是出现了能够适应药剂和药粉的害虫。梅兰德教授本人碰到的是梨圆蚧防治的问题，多年以来，用石硫合剂防治这种昆虫的效果很不错，但后来华盛顿克拉克斯顿（Clarkston）地区的情况变得棘手起来——这种小虫子的生命

1　梅兰德（Axel Leonard Melander，1878–1962）是美国昆虫学的先驱，主要研究方向为双翅目与膜翅目昆虫。1914年，他在华盛顿农业研究站的刊物《经济昆虫学刊》上发表了一篇文章《昆虫能否产生抗药性？》，被公认为历史上第一篇探讨昆虫抗药性的论文。

力变得很顽强，比在韦纳奇（Wenatchee）和亚基马山谷（Yakima Valley）等地的果园中更难杀灭。

突然之间，美国各地的介壳虫好像都不约而同地产生了一样的念头：虽然园丁还在勤勤恳恳地大肆喷洒石硫合剂，但我们不一定要死亡。于是，这些产生了抗药性的昆虫就在美国中西部毁掉了上千英亩的优良果园。

加利福尼亚州有一种长期受到推崇的防治手段：在树上罩上帆布篷，再用氢氰酸熏蒸。但在某些地区连这种撒手锏的效果也在退化。加州柑橘实验站从1915年开始对此展开研究，一直持续探索了25年。另一种"觉得"抗药性很不错的昆虫是苹果蠹蛾，它们从20世纪20年代开始也对砷化物产生了抗药性，此前一样的药物已经成功使用40年了。

而DDT及其亲缘化合物的诞生让昆虫真正迈入了抗药性的新纪元。短短几年之内，这个危险的问题就逐渐形成——凡是对昆虫学或物种数量变迁知识稍有了解的人都不会觉得这个情况令人意外。但人们却用了很长时间才意识到这样一个事实：昆虫本身拥有反制化学攻击的武器。只有那些研究致病昆虫的科学家才对问题的严重性产生了深刻的警觉，而大多数农业专家仍然兴致勃勃地寄希望于新一代化学毒药——可是目前的困境正是由这种看似合理的期望催生出来的。

人类对昆虫抗药性的认识进步得何其缓慢，而昆虫抗药性的发展却突飞猛进。1945年之前只有几十种昆虫对传统的无机农药发展出了抗性，但新型有机农药和大规模喷药的新模式让抗药昆虫的品种迅速增加，到1960年已经多达137种。专家普遍认为这只是个开端，昆虫抗药性的发展趋势远未到头。目前全球已经发表了1000多份相关论文。世界卫生组织宣布："抗药性已经是病媒防治[1]项目面临的最为严峻、最具决定性的问题"，并在世界各地邀请300多位科学家进行协助研究。一位研究动物群落的著名学者查尔斯·埃尔顿[2]博士曾经说过："我们目前听到的，正是大雪崩来临前的轰鸣。"

抗药性的发展势头如此迅猛，让人类措手不及。有时人们刚刚写好一份关于某种药物成功防控某种害虫的报告，墨迹尚未干透，就必须再写一份修正报告了。举例而言，蓝蜱让南非的牧场主长期头疼不已，一个牧场会在一年内因此损失600头牛羊。蜱虫在很多年前就对砷剂产生了抗药性，后来人类试用了六六六，短期内效果不错——1949年初的报告表明，这种全新的化学物质可以有效控制对砷剂产生抗药性的蜱虫。可是就在同年，人们又不得不发布另一份令人沮丧的通告，宣布蜱虫又对六六六产生了抗药性。这个消息促使一位作家在1950年某期《皮革贸易评论》上写下这样一句话："虽然这条消息在科学界反响寥寥，只占据了海外新闻的一个小版面，但如果人们真正理解了它的含义，就知道这条新闻的意义丝毫不亚于引爆了一颗原子弹。"

昆虫的抗药性已经让农业和林业人士头疼不已，但忧虑最为深切的还要数公共卫生领域的人士。从古至今，昆虫都与人类疾病密

---

1 病媒防治（vector-control）：对传播人畜疾病（主要是人类疾病）的病媒生物进行控制。

2 查尔斯·埃尔顿（Charles Elton, 1900–1991）：英国生物学家，1927年出版了《动物生态学》，标志着这个学科的诞生。

切相关：按蚊[1]能把单细胞疟原虫注入人类的血液，另外一些蚊虫能够传播黄热病或携带脑炎病毒；家蝇并不叮咬人类，但会接触并污染人类的食物，从而传播痢疾杆菌。在世界很多地方，家蝇都是人类眼部疾病的主要传播媒介。传播疾病的昆虫本身也称"病媒"，比如传播斑疹伤寒的体虱、传播鼠疫的鼠蚤、传播非洲瞌睡病的舌蝇、引起各种发热症的蜱虫等等。

这些都是人类必须面对的严峻挑战，任何一位有良知的人都不会认为我们可以对虫媒疾病置之不理。但我们必须思考的一个问题在于：应不应该采用饮鸩止渴的手段？世界听惯了一面倒的喜报，以为只要控制了病媒昆虫就能战无不胜，但另外一些消息却淹没在颂扬的喧嚣当中——那些防控失败的例子、那些昙花一现的成功。这些负面消息让我们逐渐明白，正是人类一直以来的防控行为才让昆虫大军越发猖獗，而更糟的是，我们似乎一直在斗争中自毁长城。

加拿大著名的昆虫学家布朗博士（A. W. A. Brown）曾应世卫组织之邀，对昆虫抗药性问题进行全面调查。调查结果以专著的形式在1958年出版，布朗博士在书中如是说："人工合成的强效杀虫剂用于公共卫生项目尚不足10年，目前最大的应用障碍就在于引发了昆虫的抗药性，防治效果已经不可同日而语。"世卫组织出版这份专著时也给出了警告："除非人类能迅速攻克这一障碍，否则目前针对传播疟疾、斑疹伤寒、鼠疫等疾病的节肢动物的大规模化学攻击很可能适得其反。"

1　世界范围内的吸血蚊一般分为按蚊、库蚊和伊蚊三大类属，其中的按蚊以传疟为主（按蚊属之下有30~40种都是疟原虫的寄主），所以也称疟蚊。

那么，"适得其反"的程度究竟有多严重呢？目前产生抗药性的物种基本囊括了一切卫生害虫：黑蝇、沙蝇和舌蝇显然还没有对化学杀虫剂发展出抗药性，但全球范围内的家蝇和体虱都已经产生了抗药性；蚊子的抗药性让人类的抗疟项目饱受挑战；鼠疫的主要传播媒介——东方鼠蚤最近也发展出了对DDT的抗药性，这是最严重的一个问题。五大洲各国和大多数岛屿国家都纷纷表示各种本地物种已经发展出了抗药性。

一般认为，现代杀虫剂首次用于医疗是在1943年的意大利。当时盟军政府把DDT药粉洒在无数人身上，成功地消灭了斑疹伤寒。两年后，政府为了防治疟蚊，又用DDT药剂进行了广泛的滞留性喷洒[1]。又过了一年，不良后果的迹象开始显现，家蝇和库蚊都开始表现出抗药性。1948年，人们开始尝试使用一种新的药剂氯丹，作为DDT的补充。这一次，防控效果一直持续了两年，但到了1950年8月，又出现了耐受氯丹的蝇类。当年年底，几乎所有家蝇和库蚊的种类都对氯丹产生了抗药性。随着新的化学物质不断投入使用，昆虫的耐药性也不断增强。1951年年底，DDT、甲氧DDT、氯丹、七氯、六氯化苯等药物全部载入了无效农药的名单。而与此同时，苍蝇开始"多得出奇"。

20世纪40年代后期，意大利的撒丁岛（Sardinia）重蹈覆辙。丹麦从1944年才开始使用含有DDT成分的杀虫剂，到1947年就发现很多地方的蚊虫控制已经失效。埃及某些地区的蝇类从1948年开始就对DDT免疫了，后来虽然以六氯化苯作为替代药物，但不到一年

1　滞留性喷洒（Residual spray）也称表面喷洒，将杀虫剂直接喷洒在垂直或水平表面之上，用以防治从表面爬行而过或栖息其上的害虫。

也失效了。埃及某个村落的情况特别能够说明问题：1950年使用杀虫剂防治苍蝇的效果很好，同年当地的婴儿死亡率降低了50%。但第二年苍蝇就发展出了对DDT和氯丹的抗药性，种群数量很快恢复正常，婴儿的死亡率也相应回升。

至于美国，到了1948年，田纳西河谷一带能够耐受DDT的苍蝇已经遍地都是，其他地方也很快出现了类似情况。人们试过狄氏剂，但效果不好，有些地方的蝇虫在施药后不到两个月就产生了极强的抗药性。在试遍了现有一切氯化烃杀虫剂后，防治部门开始转向有机磷杀虫剂，但抗药性的问题如影随形。目前专家普遍认为"杀虫剂技术已经无法防治家蝇，只能依靠提升公共卫生水平来加以遏制"。

那不勒斯对体虱的防控是DDT诞生早期最为成功、最为人津津乐道的项目之一。随后的几年里，日本和韩国又重现了意大利的辉煌战绩——1945年冬季，两国用DDT成功防治了感染了200万民众的体虱。不过，从1948年西班牙防控斑疹伤寒失败的经历中，已经可以窥见不祥的先兆。尽管在实际使用中受了挫，但室内实验的捷报仍然让昆虫学家深信体虱不可能产生抗药性。但1950年冬季在韩国出现的事件让他们始料未及：一队韩国士兵接受了DDT粉末喷洒之后，体虱的感染反而加重了。人们收集虱子进行检验后发现，5%浓度的DDT粉末并没有增加它们的自然死亡率。从东京的流浪汉身上，从东京板桥区的收容所中，从叙利亚、约旦、东埃及难民营中收集来的虱子也都表现出了类似特征，这证明DDT已经无法防治体虱和斑疹伤寒了。到了1957年，很多国家都表示本国的虱子已经对DDT产生了抗药性，包括伊朗、土耳其、埃塞俄比亚、西非与南非各国、秘鲁、智利、法国、南斯拉夫、阿富汗、乌干达、墨西哥、坦噶尼喀，这让意大利此前辉煌的防治成果黯然失色。

第一种对DDT产生抗药性的疟蚊是萨氏按蚊（Anopheles sacharovi），发生在希腊。当地的大规模喷药行动始于1946年，起初成效斐然，但到了1949年，人们开始观察到一个现象：虽然喷过药的房屋和畜舍中没有蚊子，但道路桥梁之下聚集着大量成蚊。很快，蚊虫在室外的栖息地就扩展到了洞穴、外屋、谷仓、阴沟以及柑橘树的叶子和树干上。显然成蚊已经发展出了对DDT足够的抗药性，能够从喷过药的建筑物里逃生出来，在空旷处休养生息。几个月后蚊子已经可以留在屋内了，甚至堂而皇之地落在刚喷完药的墙壁上。

这是一个极端危险的预兆，后来的情况果然也一路恶化下去。疟蚊对杀虫剂的耐受性以惊人的速度增长，而这一切的始作俑者正是本来打算消除疟疾的室内喷雾项目。1956年只有5种蚊子表现出了抗药性，到了1960年初已经飙升到了28种！而且其中包括肆虐于西非、中东、美洲中部、印度尼西亚以及东欧地区的多种极为危险的传疟蚊虫。

其他蚊种也出现了类似情况，其中包括各种传播其他疾病的蚊种。有一种热带蚊子携带的寄生虫可以引发象皮病[1]，而这种蚊子

1　象皮病（Elephantiasis）又称血丝虫病。血丝虫幼虫感染人体，在淋巴系统内繁殖，引起淋巴发炎肿大，使患者的肢体或阴囊像象皮一般膨大而充满褶皱。象皮病一般经由蚊虫叮咬传播。现有疗法可以杀死幼虫，但对成虫效果很有限，因此只能预防疾病传播，无法治愈已经感染的患者。

在很多地区已经发展出了极强的抗药性。而黄热病的病媒防治遭遇了另一个更严重的问题，这种疾病几百年来都是全球最为恐怖的瘟疫之一。近年来在东南亚首先发现了病媒蚊虫的抗药品系，如今这些已遍及整个加勒比海地区。

世界各地传来的报告清楚地表明了疟疾等疾病的病媒产生抗药性之后会带来怎样的后果。1954年，特立尼达岛（Trinidad）防控抗药性虫媒的行动以失败告终，随后当地就迎来了一场黄热病的大暴发；疟疾在印度尼西亚和伊朗等地卷土重来；希腊、尼日利亚、利比里亚等地的蚊虫仍然携带着疟原虫，继续向人群传播着疟疾；格鲁吉亚曾通过控制蝇类抑制了痢疾的发病率，但不到一年，这一成果就荡然无存；埃及也通过暂时控制蝇类而抑制了当地流行的急性结膜炎，但1950年之后情势急转直下。

此外，佛罗里达州盐沼地的蚊子也表现出了抗药性，虽然它们不会危及人类健康，但却造成了相当严重的经济损失——这些蚊虫不传播病菌，但很喜欢成群飞来叮咬人畜，导致佛罗里达州的大部分海岸都不适合人类居住。后来当地进行了一番防控——当然只取得了昙花一现的成功，很快防控效果就烟消云散了。

现在就连随处可见的普通家蚊也都产生了抗药性，所以很多城镇定期喷药的行为可以休矣。意大利、以色列、日本、法国以及美国部分地区（包括加州、俄亥俄州、新泽西州、马萨诸塞州等地）的家蚊已经对多种杀虫剂产生了抗药性，其中就包括使用范围最广的DDT。

蜱虫的抗药性是另一个大问题。能够传播斑疹热的森林蜱近来已经产生了抗药性；而褐色犬蜱的抗药性已经极高，且传播很广，让人类和犬类都面临着威胁。褐色犬蜱属于亚热带物种，如果出现在新泽西州等北方地区，只能躲在有供暖设施的建筑物内部才能过冬。1959年夏天，美国自然历史博物馆的约翰·帕里斯特先生（John C. Pallister）报告说他负责的部门接到了很多电话，都是中央公园西街的公寓住户打来的。帕里斯特先生说："时不时就会出现整栋公寓楼幼蜱泛滥的情况，而且很难清除。这可能是因为犬类在中央公园染上了蜱虫，又把它们带回了公寓，于是蜱虫就在公寓中产卵蔓延。这些蜱虫好像已经对DDT、氯丹以及大多数现代杀虫剂免疫了。以前在纽约市内出现蜱虫是很不寻常的事，可是现在长岛地区的蜱虫已经泛滥成灾，甚至波及了韦斯特切斯特市乃至远在东北部的康涅狄格州。情况从五六年前至今一直在逐年恶化。"

北美地区的德国小蠊[1]也对氯丹产生了抗性，这种药物曾经是害虫防治机构最青睐的武器，但现在他们只能把希望寄托于有机磷杀虫剂之上。最近迅猛发展的昆虫抗药性已经让害虫防治机构手足无措，留给他们的选项已经不多了。

目前，虫媒疾病防治机构的做法只是换掉昆虫已免疫的杀虫剂，换上另一种新农药。尽管化学家的创造力尚未枯竭，新型杀虫剂还在源源不断地开发出来，但这样下去总不是个办法。布朗博士认为我们正在一条"单行道"上一路狂飙，没有人知道这条路还能走多久，如果在成功控制虫媒疾病之前我们就走到了道路尽头，那么人类必然会面临生死存亡的险境。

农业害虫的防治现状如出一辙。早在有机农药的时代来临之

1　德国小蠊（German Cockroach）是蜚蠊目中分布最广泛、最难治理的一类世界性卫生害虫，人们日常生活中所见的蟑螂基本都是德国小蠊。

前，就有几十种昆虫对无机农药产生了抗药性，如今发展出抗药性的昆虫种类越来越多，而且耐受的药物不仅包括DDT、六氯化苯、林丹、毒杀芬、狄氏剂、艾氏剂，更包括人们寄予厚望的有机磷杀虫剂。截至1960年的统计，产生抗药性的农业害虫已经达到了65种。

世界上第一例农业害虫对DDT免疫的情况发生在美国，时间是1951年，大约在喷洒DDT的6年后。农业昆虫抗药性中最棘手的问题与苹果蠹蛾有关——目前全世界所有苹果种植区的苹果蠹蛾都对DDT产生了抗药性；其次是卷心菜害虫的抗药性问题；此外，美国很多地区的马铃薯害虫也逃脱了化学防控的死刑；现在有6种棉花害虫以及蓟马、果蝇、叶蝉、蝴蝶、螨虫、蚜虫、线虫等形形色色的昆虫都对农人洒下的化学毒物完全免疫了。

化工行业一直不愿正视昆虫抗药性的问题，这种心态可以理解。早在1959年，美国就有100多种主要的农业害虫明确表现出了对化学杀虫剂的耐受性，但农用化工领域的某份著名刊物提及抗药性之时仍然如此措辞："真实情状还是空穴来风？"但化工企业掩耳盗铃的行为不会让问题就此消失，反而会引发很多令人不快的经济问题，例如不断推升化学防控的成本——企业已经无法提前囤积农药了，因为今天看来前景无限的杀虫剂也许明日就会黯然失色。昆虫屡屡向人类证明，蛮力压制并不是与大自然打交道的最佳方式。所以抗药性的情况每出现一次，支持某一种杀虫剂研发的大笔资金就可能一扫而空。无论人类的科技发展有多迅速、研发了多少种新型杀虫剂、发明了多少种喷药的新方法，昆虫抗药性演变的速度永远领先一步。

抗药性的演变机制是自然选择理论的绝佳佐证，连达尔文本人恐怕都很难找出更好的例子来。原生种群的个体在结构、行为、生理等方面千差万别，只有那些足够"顽强"的昆虫才能在化学攻击中幸存下来。杀虫喷雾杀死了那些弱小的个体，留下的幸存者必然拥有一些可以逃脱化学杀戮的内在特质，当这些昆虫再次繁衍，新种群就会继承父代的一切"顽强"特质。因此大规模施放强力化学药物不但解决不了问题，反而会使之加剧——只需经过几个世代，昆虫个体间就不再有悬殊的强弱差别，整个种群只剩下清一色的顽强、有抗药性的品系。

抗药性的机制多种多样，目前人类还无法彻底理解。有科学家认为，某些对化学药物免疫的昆虫得益于躯体的结构化优势，但鲜有实际证据的支持。不过，某些品系存在抗药性则是不争的事实，丹麦Springforbi害虫防控研究中心的布里格博士观察了有抗药性的苍蝇品系之后表示："它们在DDT粉末中狂欢，就像远古时代的巫师踩着烧红的火炭舞蹈。"

世界其他地区的报告也很相似。在马来西亚的吉隆坡，一开始，蚊子对DDT的反应是从喷过药的室内逃离出去，随着抗药性逐渐增强，它们开始停在喷过DDT的表面，借着手电光还能看到蚊子身下的药粉痕迹历历可见；采集自台湾南部军营里的臭虫身上竟然还带着DDT粉末的残留，实验员把这些臭虫放到浸透DDT的布料上生活了一个月之久，它们竟然还能产卵，而且孵出的幼虫可以在充满DDT的环境中茁壮成长。

不过，昆虫的抗药性不一定都与特殊的躯体结构有关。一切对DDT免疫的蝇类体内都含有一种酶，可以把DDT分解为低毒物质

DDE，只有存在抗DDT基因的苍蝇体内才有这种酶，而且这种特性自然也是可遗传的。目前人们还不知道苍蝇和其他昆虫是如何降低有机磷类化学物质的毒性的。

昆虫的某些行为特征也能让它避开化学毒物。很多喷药工人发现，有抗药性的苍蝇会停在没有喷过药的水平地面，而非喷过药的垂直墙面。有抗性的家蝇可能拥有与厩刺蝇一样的习性，喜欢停留在某处一动不动，这就大大降低了它们接触残留毒物的可能。某些疟蚊的特殊习性能够极大地减小它们接触DDT的可能——它们极度厌恶喷雾，一旦喷雾就会立即飞出室内，在室外存活下来，所以这些疟蚊就相当于拥有了免疫能力。

昆虫通常需要两三年才会产生抗药性，在某些情况下只需一个季度或更短的时间，而在另一些极端条件下可能需要长达6年的时间。这种差异主要取决于昆虫每年繁衍的世代数，而这个数字会随着昆虫种类和气候条件的不同而有所变化。例如生活在加拿大的苍蝇产生抗药性的速度要慢于美国南部的苍蝇，因为后者的生存环境较为适宜，那里的夏季漫长炎热，非常适合蝇类迅速繁殖。

有时人们会一厢情愿地提出这样一个问题："如果昆虫可以对化学物质产生抗药性，那人类为什么不能呢？"理论上来说，人类当然也可以发展出抗药性，但所需时间将长达数百年乃至数千年，当下生存的人类是享受不到这个好处的，因为抗药性不是个体本身凭空产生的特性。如果某个人生下来就对毒物不那么敏感，那么他就更有可能存活下来并繁衍后代。所以，抗药性是某一物种经过几个世代的漫长演变才能产生的性质。人类的繁衍速度大概是一百年三代人，而昆虫的繁衍周期只有几天或者几个星期。

荷兰植物保护协会的主任布里格博士提出了这样的建议："我们应该细水长流承受一点损失，还是以未来丧失所有斗争武器为代价短暂地压制敌人？我认为在某些情况下，还是前者明智得多。""最实际的施药方针应当是'尽量少喷'，而不是'能喷多少就喷多少'……向害虫种群施加的压力越小越好。"

不幸的是，美国的农业机构并未持有这种看法。1952年，农业部专门编纂了一部以昆虫为主题的年鉴，公开承认昆虫产生抗药性的事实，但同时又表示："为了充分保证防控效果，应当提高杀虫剂的使用频次与剂量。"不过，年鉴的编纂者并没有告诉我们，当人类试遍了所有可用的药剂，只剩下那些让人类与昆虫同归于尽的强力化学武器，那会是一种怎样的状况？1959年，也就是农业部提出这个建议仅仅7年后，康涅狄格州的一位昆虫学家在《农业与食品化学》杂志上指出，至少有一两种害虫已经逼得人类开始使用压舱底的化学药物了。

布里格博士说：

> 显然，我们在危机四伏的道路上越走越远……人类应当积极研究其他防控方法，更关注生物防治而非化学防治手段。我们的目标应当是尽可能谨慎地引导自然进程转向对人类有利的方向，而不是以蛮力压制……

我们必须树立更高尚的目标，培养更深刻的洞察力，这是目前不少研究人员缺乏的素质。生命之奥妙超乎人类的想象，即使不得已要与之斗争，我们仍然应该怀着敬畏之心……以杀虫剂等化学武器防控昆虫的行为恰恰说明我们对自然缺乏了解，引导自然进程的能力尚有不足，只能无谓地诉诸蛮力。人类应当常怀谦卑之心，面对大自然，技术至上的狂妄心态没有丝毫容身之地。

第十七章

另一条路

现在，我们伫立在一个分岔路口，但面前的两条路并不都像罗伯特·弗罗斯特[1]那首脍炙人口的诗歌描述的那样美好——我们此前选择的这条路看似康庄，但尽头却潜藏着灾难。而另一条"少有人走"的岔路却为我们提供了保全这个地球的唯一机会。

选择权终究握在我们自己手中。如果我们忍耐已久，最终认为自己应当拥有"知情权"；如果我们沉默已久，终于意识到自己一直在被迫承担着巨大风险，那么我们就不该听从那些鼓励喷洒有毒农药的意见。我们应当重新审视，另寻出路。

其实，各种各样的替代性防控措施早已出现。有些已经投入使用并取得了辉煌的成果；另一些还处于测试阶段；更有一些方法正在科学家的头脑中酝酿，等待付诸实施的机会。这些方法的共性在于，它们都是生物防控方法，其基础是对防控对象以及背后整个生态体系的理解。生物学各个分支领域的专家——昆虫学家、病理学

1　罗伯特·弗罗斯特（Robert Frost，1874–1963）：美国著名诗人，曾经四度获得普利策奖，作品包括《林间空地》《未选择的路》《雪夜林边小驻》等。本书此处提到的诗歌即是《未选择的路》（ *The Road Not Taken* ）。

家、遗传学家、生理学家、生化学家、生态学家倾注了专业知识与创造性的灵感，共同形成了生物防治这一门崭新的学科。

约翰·霍普金森大学的生物学家卡尔·P.斯旺森（Carl P. Swanson）教授说过："任何一门学科的发展都像河流，起源总是很不起眼，它慢慢扩展着自己，有时舒缓，有时湍急；有时干涸，有时丰沛。研究人员的工作让它不断积蓄着前进的势头，同时也兼收并蓄了其他思想的精华，逐渐发展出一套独有的概念体系，从而不断深化，不断拓展。"

现代意义上的生物防治学科就是如此发展起来的。一个世纪以前，美国出现了引入天敌防治农业害虫的萌芽，有时收效并不明显，甚至完全无效，但随着出色的成果越来越多，生物防治的发展速度越来越快，势头也越来越猛。在应用昆虫学的冲击下，生物防治的河流进入干涸期——20世纪40年代后，人们被初生的新型杀虫剂冲昏了头脑，对一切生物防治方法嗤之以鼻，转身踏上了"化学防控的跑步机"，可是"没有昆虫的世界"始终触不可及。终于，人们越来越清晰地认识到，毫无顾忌地喷洒农药是伤敌八百自损一千的行为，于是随着新思想的注入，生物防治的河流又重新流动了起来。

这些思想中最迷人的一种当数"以毒攻毒"——利用昆虫的生命特征来毁灭它本身。其中，由美国农业部昆虫研究局的爱德华·吉卜林（Edward Knipling）博士和助手共同开发的"雄性绝育"技术尤其令人叹为观止。

大约25年前，吉卜林博士提出了一种独特的昆虫防控方法，让同事大为叹服。他认为，从理论上来说，如果能够向自然界中释放大量失去生育能力的雄性昆虫，那么这些雄虫就会与正常的野生雄虫形成竞争，反复释放多次以后，野生雌虫就只能产下未经受精的虫卵，久而久之，这种昆虫就会灭绝。

虽然官僚们对这个提议并不感兴趣，科学家对此也抱以怀疑，但这个想法一直萦绕在吉卜林博士心中。不过，在投入实验之前首先得解决一个核心问题，也就是找到一种能让昆虫绝育的实用方法。从学术研究的角度而言，早在1916年人们就知道X射线的照射可以让昆虫失去生育能力，最初是一位名叫朗拿（G. A. Runner）的昆虫学家发现这种方法可以让烟草甲虫（Cigarette beetles）绝育。20世纪20年代末，赫尔曼·穆勒博士在X射线诱发基因突变领域的开创性工作打开了一个全新的视界。到了20世纪中叶，人们已经积累了大量研究成果，表明X射线和伽马射线能让至少几十种昆虫失去生育能力。

但这些只是实验室里的成果，离实际应用还有不小的差距。1950年，吉卜林博士开始投入大量精力开展一项昆虫绝育的研究，希望以此为武器，一举消灭美国南方肆虐成灾的主要家畜害虫——螺旋锥蝇。雌锥蝇喜欢在温血动物的伤口上产卵，孵化出的幼虫是寄生性的，以宿主的血肉为食。一头成年阉牛很可能在十天内就因严重感染而死亡。据估计，美国每年有4000万头牲畜死于此病，野生动物的死亡数量很难统计，但肯定不会比这个数字低。在螺旋锥蝇的侵扰下，得克萨斯州不少地方的野鹿已极为罕见。螺旋锥蝇是一种生活在热带或亚热带的昆虫，分布于南美洲、中美洲与墨西哥一带，在美国的分布范围只限于西南诸州。不过，在1933年前后，这种昆虫突然被引进了佛罗里达州，这里气候宜人，适合锥蝇过冬，于是它在当地繁衍传播开来，后来甚至扩散到了亚拉巴马州和佐治亚州的南部地区，很快西南各州的畜牧业就遭受了严重打击，年损失高达2000万美元。

多年以来，美国农业部的科学家一直在得克萨斯州广泛收集螺旋锥蝇的生物学信息。到了1954年，吉卜林博士已经在佛罗里达岛开展过一些初步的田间实验，于是他开始着手准备全面测试，把自己的理论付诸实践。在荷兰政府的安排下，他前往加勒比海沿岸的库拉索岛（Curaçao）进行试验。这个岛孤悬海外，离最近的陆地也有50多英里。

实验从1954年8月开始，在佛罗里达州美国农业部实验室里人工绝育过的螺旋锥蝇被空运到库拉索岛，再以每周400平方英里的覆盖速率从空中投放出去。效果堪称立竿见影，受试羊群身上的锥蝇卵块开始大量减少，而虫卵受精率也在降低。就在释放人工绝育昆虫的7个星期后，所有虫卵都成了未受精的状态。很快无论受精与否，一个卵块都找不到了，这说明库拉索岛上的螺旋锥蝇确实被一网打尽。

库拉索岛实验的巨大成功激发了佛罗里达州牲畜养殖者的热望，希望这种技术能帮他们解除螺旋锥蝇肆虐之苦。不过这一次面临的困难更大——防治面积相当于库拉索岛的300倍。1957年，美国农业部和佛罗里达州政府共同出资，开展了一项根除螺旋锥蝇的计划。这个计划专门修建了一座"蝇工厂"，周产量可达5000万只螺旋锥蝇，随后用20架轻型飞机按照预定轨道每天持续投放5~6小时，每架飞机搭载1000只纸箱，每个纸箱中有200~400只经过辐射绝育的雄性螺旋锥蝇。

1957年迎来了一个冷冬，佛罗里达州南部地区的气温降到冰点以下，为这个项目创造了一个意想不到的良机，因为严寒让螺旋锥蝇的种群数量锐减，而且分布区域也缩到了一小片。17个月后，人们认为这个计划已经成功结束，整个计划在佛罗里达州全境以及佐治亚州和亚拉巴马州的部分地区释放了35亿只人工绝育雄蝇。人类已知的最后一例由螺旋锥蝇引发的动物伤口感染发生在1959年2月间。随后又过了几星期，有几只成年野兽落入了陷阱，但伤口没有出现任何螺旋锥蝇感染的迹象。螺旋锥蝇在美国东南部彻底绝迹了——这场胜利彰显了科学创意的非凡价值，更有赖于详尽的基础研究以及科研人员持之以恒的努力。

目前，密西西比州已建立了一个检疫站，目的就是防止肆虐于美国西南部一带的螺旋锥蝇再度侵入东南部。想彻底铲除这种蝇类需要付出极为艰苦的努力，因其在美国的分布区域极广，而且很可能从墨西哥再度侵入。不过，由于锥蝇造成的损失太大，且农业部可能认为此类项目最不济也能把螺旋锥蝇的数量控制在一个较低的水平，所以可能很快会在得克萨斯州等饱受蝇害的西南各州开展类似的防治行动。

防治螺旋锥蝇的辉煌战果激发了人们的兴趣，人们希望利用这种方法对付其他昆虫。当然，这项技术不是对一切昆虫都能适用，因为它的防治效果在很大程度上取决于昆虫的生活史、种群密度以及对辐射的反应等种种细节。

英国也在积极开展实验，希望以这项技术对付罗德西亚地区的舌蝇。舌蝇已经侵扰了非洲三分之一的土地，严重威胁当地居民的健康，而且让多达450万平方英里林木覆盖的草场无法放牧牲畜。

舌蝇的习性与螺旋锥蝇完全不同，尽管用辐射手段也能使其绝育，但在投入实际使用前仍需攻克一些技术难关。

英国已经测试了很多昆虫对辐射的敏感性。美国科学家以东方地区和地中海地区的实蝇（如瓜实蝇）作为研究对象，从夏威夷的室内实验和罗塔岛（Rota）的田间实验中得到了一些振奋人心的初步研究结果。玉米螟虫和甘蔗螟虫也接受了实验。目前看来，绝育技术似乎也可用于防控卫生害虫。一名智利科学家指出，虽然当地采用了化学防控手段，但疟蚊依然肆虐不休，因此释放绝育雄蚊也许就是根除疟疾的最后一击。

不过，由于辐射绝育技术在操作上存在明显困难，人们开始寻找更容易的方法，于是科学界对化学绝育剂的研究兴趣逐渐转浓。

在美国农业部设于佛罗里达州奥兰多市的实验室中，科学家正在给家蝇饲喂掺有化学药剂的食物，以实现家蝇绝育，甚至还开展了几处田间实验。1961年在佛罗里达群岛[1]开展的一项实验在短短五周内就让一种蝇类近乎灭绝。后来附近岛屿的蝇类飞过来，让本地蝇类的数量恢复了正常，但作为一项开创性的实验项目，这种成果已经相当出色。因而可以理解农业部为何对这种技术的前景充满期待。一方面，正如我们所见，目前已经无法用杀虫剂控制家蝇数量，所以我们无疑需要一种全新的方法。但辐射绝育的难处在于，不仅需要人工培育绝育雄虫，而且释放的雄虫要比野生种群的雄虫更多。用这种技术防治螺旋锥蝇是可行的，因为这种

1　佛罗里达群岛（Florida Keys）又称佛罗里达岛链，是位于美国东南部佛罗里达半岛南端的锁链状岛群，自基拉戈岛开始，向西南绵延约 309 千米。

昆虫的数量本来就不大，但家蝇的情况不一样，如果打算把现有的家蝇数量增加一倍以上（即使是暂时性增长），一定会遭到公众的强烈反对。而另一方面，化学绝育剂可以掺入饵料并投放到家蝇生存的自然环境中，家蝇食用后就会丧失生育能力，随着绝育蝇类的比例越来越高，家蝇就会自然灭绝。

检测绝育剂的效果比检测杀虫剂的效果更困难。检验一种化学绝育剂需要30天时间（不过多个测试可以同步进行）。从1958年4月到1961年12月，奥兰多的实验人员筛选了数百种化学药物，试图找到有昆虫绝育效果的药剂，最后只发现了寥寥可数的几种有应用潜力的物质，不过这已经让农业部很满意了。

农业部的其他实验室也在攻克这个问题，测试一系列能让厩刺蝇、蚊、棉铃象甲和各种实蝇绝育的药物。目前这些绝育剂仍处于实验阶段，但在理论上已经展现出很多引人入胜的特征。吉卜林博士指出，出色的化学绝育剂可能会"让目前已知的最有效的杀虫剂相形见绌"。我们不妨设想一下：一个昆虫种群有100万只个体，每繁衍一代，数量都会翻5倍。杀虫剂也许可以杀死每一代90%的个体，但到了第三代后，存活的昆虫数量仍然有125万只。相比之下，如果采用一种能让90%的昆虫个体绝育的化学药剂，那么三代之后整个种群将只剩下区区125只昆虫。

不过，这一技术也有某些不利之处，因为它必须使用一些极为强力的化学物质。好在（至少在早期阶段）大多数研究化学绝育剂的人员都在留心寻找安全的化学物质和应用方法，不过偶尔还能听到有人建议采用空中喷雾的方式施放绝育剂，比如喷在舞毒蛾幼虫啮食的叶片上。如果没有透彻的风险研究就贸然行事，那是极不负责的做法。但凡有片刻疏于防范，忽视了化学绝育剂的潜在风险，我们就有可能引发比滥用杀虫剂更严重的灾难。

目前仍处于实验阶段的绝育剂可分为两大类，作用机理都很有趣。第一类物质与细胞的生命进程（也即新陈代谢）密切相关。举例来说，有些绝育剂的成分与细胞或组织需要的某种物质如此相似，以至于生物体会"误以为"这些物质是真正的代谢物，所以就在正常的生长发育过程中努力吸收。但这些物质在某些细节上是不匹配的，因此会导致细胞发育停止。这一类绝育剂被称为抗代谢剂（Antimetabolite）。

第二类物质主要作用于染色体，很大概率上能够影响基因物质而导致染色体断裂。这一类化学绝育剂也称烷化剂（Alkylating agents），活性极高，可以摧毁细胞，破坏染色体，诱发基因突变。在伦敦著名的癌症研究机构——切尔西贝蒂研究院（Chester Beatty Research Institute）任职的彼得·亚历山大博士认为，"任何一种对昆虫有绝育作用的烷化剂也都具有强烈的致突变和致癌作用"。亚历山大博士认为，任何以这些化学物质防控昆虫的提议都会面临"最严峻的抗议"。因此，他希望现阶段的实验不会涉及这些特殊的化学物质，而是重点关注如何发现其他安全可靠，且对昆虫有高度特异性的化学物质。

近期一些最有意思的研究仍然在从昆虫的生活史入手寻找对付昆虫的武器。昆虫会分泌各种毒液、引诱剂、驱虫剂。这些分泌物具有怎样的化学性质？我们能不能把它们当成有高度选择性的杀虫剂来使用？康奈尔大学以及其他研究机构的科学家试图回答这些问题，他们正在探索昆虫防御捕食者的机制以及昆虫分泌物的化学结构。另一些科学家则在研究一种被称为"保幼激素（Juvenile hormone）"的强力化学物质，它可以抑制昆虫幼虫的变态行为，使其在发育到合适阶段前不产生形态变化。

探索昆虫分泌物的最直接有效成果就是研发昆虫引诱剂——这一次，大自然又为我们指明了道路，舞毒蛾就是一个有趣的例子。雌性舞毒蛾体形臃肿，无法飞翔，所以只能生活在地表或接近地表的地方，在低矮的植物丛中扑动翅膀或者沿着树干向上蠕动，而雄蛾擅飞，会从相当远的距离外被雌蛾腺体分泌的引诱剂吸引而来。多年以来，昆虫学家一直在利用舞毒蛾的这个特点，他们辛辛苦苦地从雌蛾身上收集性引诱剂，再放到陷阱中诱捕雄蛾，借此在昆虫分布范围的边缘地区普查种群数量。但这种方法的成本太高，虽然美国东北部各州舞毒蛾成灾的消息传得沸沸扬扬，还是找不到足够的雌蛾来提供引诱剂，不得不从欧洲进口手工收集的雌蛹，有时一个蛹的费用就高达0.5美元。所幸经过多年努力，农业部的化学家终于成功分离出了性引诱剂，这是一个了不起的突破。随后，人们又以蓖麻油的某种成分为原料，合成了一种与引诱剂非常相似的化学物质，不仅能成功骗过雄性舞毒蛾，而且引诱效果与天然分泌物不相上下，一处陷阱只需投放1微克（百万分之一克）人工引诱剂就能产生足够的引诱效果。

这一切的意义远远超出了学术研究的层面，因为这种新开发的低成本"诱蛾剂"不仅可以用于监测昆虫数量，更可用于昆虫防控。另外一些更诱人的新方法也已经进入实验阶段。其中有一种实验被称为"心理战术"：把引诱剂与一种微粒物结合起来，再用飞机播撒到空气中，以此迷惑雄蛾，扰乱它的正常行为模式。因为漫天都是引诱剂的芳香，雄蛾无法循着气味找到真正的雌蛾。这一方面的研究已经很深入了，目前已经有人在实验如何欺骗雄蛾与假雌蛾进行交配。在实验室条件下，人们已经观察到了雄蛾与木片、虫形物等小型无生命物体的"交配"行为——只要在物体内部适当灌入一些引诱剂就行了。这种把昆虫的求偶本能导向歧路的行为是否真能减少昆虫数量，仍然有待检验，但至少是一种很有意思的探索途径。

舞毒蛾引诱剂是世界上第一种人工合成的昆虫性诱剂，不过可以想见，未来将很快有新物质诞生。目前人们正在针对大量农业害虫展开研究，试图寻找可以人工合成的引诱剂。其中，关于黑森瘿蚊[1]和烟草天蛾的研究已经获得了令人振奋的成果。

人们也在尝试向引诱剂中加入毒药，用以杀灭某些昆虫。美国官方机构的科学家已经开发出了一种叫作甲基丁香酚（Methyl-eugenol）的引诱剂，东方实蝇和瓜实蝇对这种物质丝毫没有抵抗力。研究人员向甲基丁香酚里加入毒药，在日本以南450英里之外的博宁群岛（Bonin Islands）上展开了实验。研究人员把浸满化学药剂的小块纤维板空投到整片岛链上面，以此吸引并杀灭雄蝇。这一项目被称为"灭雄计划"，启动于1960年。仅仅一年后，根据农业部的估算，当地99%以上的蝇类已被铲除一空。这个实验的成功也证明这种喷药方法比传统的大规模喷药模式更有效。这种毒药属

1　黑森瘿蚊（Hessian fly）又称小麦瘿蚊，属于双翅目瘿蚊科，是世界范围内的第一大小麦害虫。原产地为亚洲，后来传入欧洲和美洲。据传在美国独立战争期间，大英帝国雇佣的德籍佣兵——黑森佣兵所携麦草垫中夹藏了围蛹，让这种瘿蚊侵入了美国，并在长岛地区泛滥成灾，引起了人们的重视，故此得名黑森瘿蚊。

于有机磷类物质，喷洒范围只是小小的纤维板，所以不太可能被野生动物摄食；而且它的分解速度非常快，所以也不会污染土壤或者水源。

但昆虫世界的沟通形式多种多样，不仅以气味彼此吸引或驱避，声音也可以成为警告或吸引的信号。蝙蝠在飞行中会连续不断地发出超声波（像雷达定位系统一样引导蝙蝠在黑暗中飞行），有些蛾类能听到这种声音，从而避开蝙蝠的捕食。某些寄生蝇类的振翅声对于叶蜂科的幼虫就是一种警告信号，它们听到后会立即聚成一团保护自己；而某些蛀木昆虫发出的声音也会让寄生虫找到它们；同理，对雄蚊而言，雌蚊振翅的声音就像海妖的歌声一样美妙。

如果昆虫真能够分辨声音并做出反应，那么人类可以得到哪些启示？目前一项很有意思的研究已经进入了实验阶段——播放雌蚊飞行的录音以吸引雄蚊。这项研究目前已得到一些初步成果——引诱雄蚊到电网上将其杀死。加拿大的科学家也在研究如何利用超声波的声浪驱逐玉米螟虫和地老虎（Cutworm moth）。夏威夷大学的两位教授休伯特·弗林斯（Huber Frings）和梅布尔·弗林斯（Mable Frings）是动物声音领域的研究权威，他们认为昆虫收发声音的丰富知识是一个宝库，人类一旦找到打开这座宝库的钥匙，就可以用声音影响野外昆虫的行为。声波驱虫的前景也许远比引诱剂广阔。两位教授还做出了一个著名的研究成果，他们发现椋鸟会在听到同类惨叫的录音后四散逃飞，或许背后的某些核心机制也可以用于昆虫防治。对于富有实干精神的企业家而言，这种方法的前景已经足够明朗了——已经有不止一家大型电子企业正在为此筹建实验室。

　　人们也在研究如何用声波直接杀虫。在实验条件下，超声波可以杀死水槽里的全部蚊类幼虫，不过其他水生生物也无法幸免。另一些实验表明超声波可以在几秒钟内杀死空气中的丽蝇、黄粉虫和埃及伊蚊。这些实验只是迈向全新昆虫防治方法的第一步，有朝一日电子科技取得突破之后，这些设想终将成为现实。

　　生物防治害虫的新方法不只包括各种电子设备、伽马射线以及其他精巧的人工发明。有一些渊源古老的方法，原理相当简单：昆虫和我们一样会生病。细菌感染会像古老的瘟疫一样横扫昆虫种群，让昆虫数量遽减；病毒的围剿也会让昆虫相继生病、死亡。人类早在亚里士多德时代前就发现昆虫也会生病；中世纪的诗歌中也描述过桑蚕的疾病；而正是从研究桑蚕病入手，路易·巴斯德才第一次窥见传染性疾病的某些基本原则。

　　除了受到病毒和细菌的侵袭，昆虫也会受到真菌、原生动物[1]、微小蠕虫等微观生命体的攻击，这些微观世界的生命体大体上还算是人类的朋友，因为其中不仅有病原体，更有一些能够分解废物、肥沃土壤、参与发酵和硝化等生化过程的小生命。那么，为什么人类不能借助它们的力量来控制害虫呢？

　　率先设想微生物可能具备如此用途的科学家是19世纪俄国动物学家艾利·梅契尼科夫（Elie Metchnikoff）。19世纪末到20世纪前半叶之间，微生物防治的概念逐渐成型。20世纪30年代，人类第一次掌握了确切的证据——向环境中引入病原体可以有效抑

1　原生动物是地球上最原始、最低等的动物，仅由单个细胞构成，因此也称单细胞动物。草履虫是最有代表性的原生动物；疟原虫也是一种原生动物。

制昆虫的数量。当时人们发现芽孢杆菌属的细菌可以诱发日本丽金龟的"乳白病",并据此取得了出色的防治成果。这是一个经典的细菌防控案例,在美国东部地区已有不短的应用历史,我们在第七章也已经探讨过。

目前人们对另一种杆菌——苏云金杆菌(Bacillus thuringiensis)寄予厚望。1911年,人们在德国图林根州(Thuringia)第一次发现这种细菌,它可以让粉螟幼虫患上致命的败血病。这种细菌杀死昆虫的方式不是引发昆虫疾病,而是让昆虫中毒。它会从棍棒状的营养体内部形成芽孢[1],同时合成一种奇特的蛋白质晶体,对蛾类等鳞翅目昆虫的幼虫具有高毒性。昆虫幼虫食用了沾有这种有毒晶体的叶片就会全身麻痹、停止进食并很快死亡。从实用角度来看,让害虫当即停止进食确实是有效的效果,因为一旦施用了病菌体,作物受害的状况就会立即终止。现在美国的几家公司正在生产含有苏云金杆菌芽孢的化合物,各自冠以不同的商品名。还有一些国家也在开展田野实验,例如法国和德国正在用这种细菌防治菜粉蝶的幼虫,南斯拉夫用它来防治美国白蛾[2],苏联用它来防治一种天幕毛虫。巴拿马从1961年开始进行田野实验,希望用这种细菌性杀虫剂解决当地蕉农面临的棘手问题:巴拿马的香蕉种植业饱受香蕉象甲为害之苦,这种小虫子会破坏香蕉树的根部,让香蕉树风吹即倒。一直以来,当地对付香蕉象甲的唯一手段

1　真菌的典型生活史包括营养阶段和繁殖阶段,处于营养阶段(即真菌的初期发育阶段)的真菌叫作营养体,进入繁殖阶段后形成各种繁殖体,芽孢就是真菌繁殖体的一种。

2　美国白蛾又称秋幕毛虫(Fall webworm),灯蛾科白蛾属昆虫,原产于北美洲,如今已成为世界性的检疫害虫。主要危害阔叶木,包括果树、行道树、观赏树等等。

就是喷洒狄氏剂，如今已引发一连串灾难，象甲也产生了抗药性。此外，农药也杀光了其重要的昆虫天敌，卷叶蛾开始大量滋生。这种蛾子体形短小、躯干粗壮，它的幼虫会在香蕉皮上留下坑坑洼洼的小疤。我们有理由期待，这种崭新的微生物杀虫剂能够把卷叶蛾和象甲同时铲除，还不会破坏天然的生态制衡机制。

对于美国和加拿大东部成片的森林而言，细菌性杀虫剂可能是防治蚜虫与舞毒蛾等林业害虫的重要手段。1960年，美加两国开始启动苏云金杆菌商业制剂的田间实验，某些早期成果非常令人振奋；而加拿大佛蒙特州以细菌防控害虫的效果丝毫不逊于喷洒DDT。目前人类面临的主要技术障碍是找不到一种让细菌芽孢附着在常青木针叶上的方法，不过用于农作物就没有这种问题，因为可以给作物施放药粉。人们已经在各种蔬菜上试用了细菌性杀虫剂，尤其是加利福尼亚州田间实验的成果相当显著。

与此同时，一些与病毒相关的研究也在悄悄进行之中。为了防治破坏性很强的苜蓿粉蝶，加利福尼亚州正在向长满紫花苜蓿幼芽的田块喷药，药液中含有一种破坏性极高的病毒，是从感染这种致命疾病的粉蝶体内提取出来的，这种病毒对苜蓿粉蝶的致死性不输任何一种化学杀虫剂，而且从5只患病的蝴蝶体内就能提取足够处理一英亩苜蓿田的病毒。加拿大的一些林区也在用病毒防控松树叶蜂，效果非常好，目前已经替代了杀虫剂。

捷克斯洛伐克的科学家正在尝试使用原生生物防治毛虫等害虫，目前已进入试验阶段，美国科学家也已找到一种能够降低玉米螟产卵能力的原生生物寄生虫。

有些人一听到"微生物杀虫剂"，就会联想到细菌战的惨烈画面，好像一切生命都难逃厄运，但事实并非如此。昆虫病原体只作用于靶标昆虫，对其他生命完全无害，在这一点上优于很多化学杀虫剂。昆虫病理学领域的权威爱德华·斯坦豪斯（Edward Steinhaus）博士特意强调："无论在实验室条件下还是自然环境中，没有任何记录证实有任何一种昆虫病原体能让脊椎动物染病。"昆虫病原的特异性极高，只能感染一小类昆虫，有时甚至仅能感染一种。从生物学角度来看，昆虫病原体本身并不属于对高等动植物有致病作用的有机生物。所以，正如斯坦豪斯博士所指出的，自然界爆发的昆虫疾病总是局限在昆虫群体本身，从来不会危及昆虫的寄主植物或者捕食这种昆虫的动物。

昆虫的天敌不仅包括各种微生物，还有其他种类的昆虫。一般认为，天敌防控理念是由伊拉斯谟斯·达尔文[1]在1800年前后首次提出的。或许以虫治虫是人类历史上第一种真正付诸实用的生物防治方法，所以人们普遍认为这种方法是化学防治的唯一替代手段，但这种认识并不正确。

在美国，生物防治作为一种常规手段始于1888年，当时有越来越多的生物学家加入了探索昆虫奥秘的大军，其中有一位科学家名叫阿尔伯特·科贝利（Albert Koebele），他为了拯救加利福尼亚州已经濒临毁灭的柑橘产业，远赴澳大利亚寻找吹绵蚧的天敌。正如第十五章所述，这次征程取得了辉煌的成功，于是在接下来的一个世纪中，美国不断从世界各地引入天敌防控入侵昆虫，最后约有100种外来捕食性和寄生性天敌昆虫在美国本土成功繁衍下

1　伊拉斯谟斯·达尔文（Erasmus Darwin, 1731–1812）：英国医学家、诗人、发明家、植物学家与生理学家，他的孙子查尔斯·达尔文著有《物种起源》。

来。除科贝利引进的澳大利亚瓢虫之外，还有其他一些昆虫引入项目也取得了辉煌的成果，例如从日本引进的一种黄蜂成功遏制了美国东部苹果种植区的虫灾。苜蓿斑蚜是原产于中东地区的入侵物种，后来美国科学家从国外引入了几种天敌，成功拯救了加利福尼亚的苜蓿种植业。以寄生性和捕食性天敌防治舞毒蛾的效果特别好，臀钩土蜂对日本丽金龟的防治也极为成功。据估算，以生物手段防治吹绵蚧和粉蚧，每年可为加州节省数百万美元——根据当地一位杰出的昆虫学家保罗·德巴克（Paul DeBach）的估算，加州仅在生物防治研究上投入了400万美元，收益却达1亿美元。

全球已有40多个国家通过引入天敌成功控制了当地害虫。生物防控相对于化学防控的优势显而易见：成本更低、一劳永逸、不产生毒物残留。但是生物防治仍然缺少人们的支持。实际上，加利福尼亚是全美唯一正式开展生物防治项目的州，很多州甚至完全没有全职研究生物防治的昆虫学家。也许正是因为缺少必要的支持，天敌防治领域的研究才总是浅尝辄止——很少有人研究生物防治措施对被捕食昆虫数量的确切影响，投放昆虫的时候也缺乏精确性，所以最终的防治效果很可能不如人意。

捕食和被捕食者同属于一个巨大的生态系统，彼此之间相互依存，所以人类必须把系统中的一切因素统统考虑进去。目前看来，传统的生物防治方法也许可以在林业上找到最宽广的应用空间。现代农场的环境是高度人工化的，是大自然前所未有的形态，而林场的环境则更接近自然环境，不需要多少人工辅助——大自然本身就拥有一套精密而玄妙的制约体系，能够保护森林免受昆虫的过度危害。

在美国林务官员的认识中，生物防治的内容也许就是引入寄生性和捕食性天敌，相比之下，加拿大人的思路要稍微开阔一些，而某些欧洲国家的理念则已经遥遥领先——"森林卫生"这门学科在当地已经成熟到令人惊异的地步。欧洲林务官员认为鸟儿、蚂蚁、林木上的蜘蛛和土壤里的细菌都是森林的一部分，他们会在植树造林的同时引入这些保护性因素。首先要把鸟儿引来。在林业集约化经营的时代，中空的老树早已被人伐除一空，所以啄木鸟和其他在树上营巢的鸟儿失去了栖身之所，对此可以设置人工巢箱来弥补，这样就可以吸引鸟儿回归森林。此外还会专门为猫头鹰和蝙蝠设计一些巢箱，等到昼行性的鸟儿归巢之后，这些鸟儿就可以继续在黑暗中捕食林中的昆虫。

这一步还只是个开始。欧洲有一些非常出色的林业防治案例是依靠森林红蚂蚁这种捕食能力极强的昆虫来实现的（不幸的是，北美地区并没有红蚂蚁）。25年前，维尔茨堡大学的卡尔·格斯瓦尔德（Karl Gösswald）教授研究出了一种培育红蚂蚁并建立群落的方法。在他的指导下，联邦德国在境内的90处试验区中培育了一万多个红蚂蚁群落。意大利等国也采用了格斯瓦尔德教授的方法，各自设立"蚂蚁农厂"培育蚁群，以便投放到森林之中，比如意大利政府曾经为了保护一片退耕还林的区域，在亚平宁山脉（Apennines）投放了上百个蚁群。

德国莫尔恩市（Mölln）的一位林业官员海因茨（Heinz Ruppertshofen）博士表示："如果你能在辖区的森林里请到鸟儿、蚂蚁、蝙蝠和猫头鹰一同充当守护者，那就标志着当地的生态平衡已经有了好转。"他认为只引入单一捕食或寄生性天敌的效果要比引入一系列树木"天然伴侣"的效果逊色得多。

莫尔恩市的林场在新引进的蚁群周围加装了铁丝网，以防蚂蚁被啄木鸟吃掉。虽然某些试验区域的啄木鸟数量在10年内翻了4倍，但装了铁丝网之后，蚁群就不会受到严重影响，而且还能促使啄木鸟转而啄食树上的毛虫。照料蚁群及鸟箱的大部分工作都由当地学校10~14岁的儿童团队来承担。这种防治手段的成本相当低，但保护效果却是一劳永逸的。

海因茨博士的另一个特别有意思的研究工作是利用蜘蛛防治昆虫，他是这个领域当仁不让的先驱。尽管蜘蛛分类学和自然史领域的文献堪称汗牛充栋，但大多都是零散和碎片化的结论，丝毫没有提到蜘蛛的生物防治价值。人类已知的蜘蛛有2.2万种，有760种原生于德国（美国有2000种），其中有29种生活在当地林区之中。

对林务官而言，蜘蛛结网的类型是它最重要的特征——那些编织车轮状蛛网的蜘蛛是最有用的，有的网眼细密如针，任何飞过的昆虫都难逃罗网，因为一张大型蛛网（有时直径甚至达到16英尺）交错的丝线上有1.2万个黏性结节。蜘蛛的寿命约为18个月，一只蜘蛛一生平均能消灭2000只昆虫。一片生态状况良好的森林每平方米应该生存着50~150只蜘蛛，如果林区的蜘蛛不够这个数字，可以采取人工收集并投放蜘蛛卵囊的方式来补足。海因茨教授说："只需3个横纹金蛛（这种蜘蛛在美洲也有分布）的卵囊就可以孵化出1000只蜘蛛，进而捕杀20万只昆虫。"有些春季出现的蜘蛛虽然体形小巧，却能够纺出车轮状的大网，这对生态系统特别重要，因为"它们各自吐丝结网，最后蛛网像蚊帐一样从上到下把树梢的嫩芽全都覆盖了起来，这样嫩芽就逃过了飞行昆虫的破坏"。而且蜘蛛蜕皮发育之后，织出的网也会越来越大。

加拿大生物学家也在开展相似的研究，但两地的实际情况有些差异。北美地区的森林大多属于原生林而非种植林，所以对森林生态起到保护作用的物种也与欧洲略有不同。加拿大重点关注的是一些小型哺乳动物，它们防控某些昆虫的效果出奇地好，尤其是对于那些在枯枝落叶层的疏松土壤中生存的小型昆虫，比如叶蜂。叶蜂亦称锯蜂，因雌蜂腹部的一对"产卵锯"而得名，雌蜂在产卵时用它锯开常青树的针状叶片。叶蜂在幼虫阶段结束之前会落到地面，然后在美洲落叶松的沼泽或云杉和松树根部的腐土之中作蛹。而枯枝落叶层之下是一片蜂巢般曲折的世界——白足鼠、鼹鼠、鼩鼱等小型哺乳动物在泥土中挖出了四通八达的隧道。鼩鼱是这些掘洞的小动物中最贪吃的一种，消灭的叶蜂蛹也最多，它会用前爪按住蛹的一端，把另一端咬掉，而且令人称奇的是，它们还能立即分辨出虫蛹是不是空的。鼩鼱的胃口极大，而且不知餍足，鼹鼠一天只能吃掉200只蜂蛹，而某些种类的鼩鼱一天竟可以吃掉800只！室内实验表明，鼩鼱可以消灭现存75%~98%的蜂蛹。

因此，人们不难理解加拿大的纽芬兰岛为什么如此急切地想要引进这种小动物，因为本地没有原生鼩鼱，而叶蜂又肆虐成灾。1958年，加拿大政府终于引入了最强大的叶蜂捕食者——纹背鼩鼱（Masked shrew）。到了1962年，加拿大官员报告说这一举措已经取得了成功。鼩鼱不断繁殖，渐渐遍布全岛，人们甚至观测到一些带有标记的个体出现在投放点的10英里之外。

于是，那些想要一劳永逸地保护和改善森林生态的林务官终于找到了一件威力强大的武器。以化学手段防控林业害虫只是一种治标不治本的权宜之计，而且在最坏的情况下，还可能杀光森林水系中的鱼类，引起害虫肆虐，摧毁自然制约的天然机制，把人类努力引入的天敌屠戮一空。海因茨博士说，这种暴力手段会让"森林生态系统完全失衡，寄生性害虫的肆虐周期将变得越来越短……森林是人类目前拥有的最重要的，很可能也是最后一片自然净土，所以我们必须终止人工干预的手段"。

　　为了实现与其他生物的和谐共处，人类想出了无数充满想象力和创造性的新方法，它们的背后有着一以贯之的主题，那就是我们必须时刻铭记自己正在与鲜活的生命打交道——它们有一定的种群数量，在压力和反作用力的作用下会出现兴衰消长的变化。只有充分认识到生命本身的力量，并小心地将其引导到对人类有利的方向，我们才能实现昆虫与人类的和解与共处。

　　但如今大行其道的化学杀虫手段完全没有把这些最基本的问题考虑进去。我们粗暴地挥舞着化学武器，就像史前人类挥舞着大棒，将细密的生命之网野蛮地撕破。这张网精密而又脆弱，但从另一个角度来看又非常坚韧，足以向人类发起意料之外的反击。化学防控手段的提倡者却对生命之网的非凡特性视而不见，他们目光短浅，只追求短期成效，而且对自己亲手摧毁的无数生命毫无怜悯。

　　"控制自然"是一句极端自大的宣言，它源于远古时代原始的生物学和哲学观念，当时的人类认为大自然本来就应该为自己服务。至于应用昆虫学的理念和做法，如果究其源头，也会发现它们也大多始于科学的蒙昧时代。如此原始的科学观念却配备了杀伤力最强的现代武器，而且枪口瞄准的不只是昆虫，更是整个地球，这实在是我们的大不幸啊。

［正文完］

译后记

翻译本书前，我问过身边一些非生物科学专业的朋友，发现很多人都是因《三体》才了解到这本书。刘慈欣在书中反复以"虫子"设喻：在科技水平远超人类的三体文明眼中，人类不过是可以随意碾压的虫子，但虫子最难消灭——就像人类无论如何也铲除不了地球上的昆虫一样，三体文明也无法灭绝人类。这个比喻显然蕴含着浓厚的生态哲学色彩，其核心思想就来自蕾切尔·卡森女士的这本《寂静的春天》——说来也很是奇妙，《三体I》出版那一年恰好是蕾切尔·卡森女士一百周年诞辰，仿佛是冥冥中的致敬。

自古以来，征服自然就是人类文明的共同愿望。工业革命之后，人类改造自然的野心骤然膨胀。短短百余年间，前所未有的环境问题一一显现，"自然的报复"让人类付出了沉重代价。但从20世纪60年代开始，全球突然掀起了如火如荼的环保运动，海洋生物、环境保护等学科一度成为欧美各国最受欢迎的专业，这一切都要归功于卡森女士和她这本《寂静的春天》。本书首次提出了"环境保护"的概念，为人类生存的哲学意义注入了新的内涵。半个世纪后的今天，我们仍然从中受益。所以，我觉得应该首先介绍一下卡森其人[1]，以及《寂静的春天》的成书始末。

蕾切尔·卡森 1907年生于美国宾夕法尼亚州匹兹堡附近郊的小镇斯普林达尔，她在这里度过了童年时代。卡森的父亲是工程师，母亲做过教师，热爱文学和博物学，常在两个女儿阅读之余带着她们去郊外辨花识鸟，采集植物标本。幼年的熏陶让卡森终生葆有对大自然的热爱。1925年卡森考入宾州女子学院，对生物学萌生了浓厚兴趣，毕业后又进入约翰·霍普金斯大学攻读海洋生物学硕士学位。

卡森幼时的梦想是成为作家，但科普作家在那个年代尚不是一种明确的职业身份，而且她在生物科学领域的研究天分已经展露无遗，所以前半生一直在作家与科学家两种职业之间抉择不定。父亲去世后，卡森需要独力赡养母亲，迫于经济压力未能攻读博士，只好在美国渔业局觅得一份兼职工作，并在1936年正式受聘成为渔业局科学家。卡森在这个部门工作多年，业余时间为科学杂志撰稿，但一直希望成为自由作家。1941年她的第一本书《海风之下》（ *Under the Sea-Wind* ）出版，但一个月后就爆发了珍珠港事件，让这本书失去了关注度。1951年，《我们周围的海洋》（ *The Sea Around Us* ）出版，这本书让她一夜成名，实现了期待已久的经济自由。她辞去公职，专事写作，几年后又出版了另一部广受欢迎的作品《海的边缘》（ *The Edge of the Sea* ）。

二战结束后，以DDT为代表的合成化学品转入民用领域，短期

1　关于卡森女士更详细的生平经历，可参阅美国作家琳达·利尔（Linda Lear）为卡森所作的传记《卡森：自然的见证人》（ *Rachel Carson, Witness for Nature* ）。

内创造了惊人的经济效益。农场主有利可图，化工企业赚得盆丰钵满，整个美国社会陷入对合成杀虫剂的狂热。农场主与化工财团联合起来游说政府，在各个乡镇推行大规模杀虫除草计划，而政客也积极响应，赖为政绩，甚至连美国医学界甚至也有不少人为杀虫剂背书，证明这些物质对人体"无害"——正如卡森所言，源源不断的赞助资金让许多学者无法诚实发声。但事实上，合成化学品与人类神经系统、生殖系统的损伤以及血液疾病密切相关，还会伤害野生动物、严重破坏生态平衡。但国内的环保组织势单力薄，缺乏发声途径，因此合成化学品的负面效应一直不为民众所知。

卡森担任公职期间，已对杀虫剂的弊端有所耳闻。1957年秋冬之际，美国农业部拟在南部九个州的两千万英亩土地上喷药灭杀火蚁，引起民众强烈抗议。此事再度唤起了她对人工合成化学杀虫剂的警觉。1958年初，卡森接到友人欧文斯·哈金斯（Olga Owens Huckins）的来信。哈金斯夫妇在马萨诸塞州的德克斯伯里有一处私人禽鸟保护区，政府派遣的飞机喷洒灭蚊DDT后，鸟巢、池塘都遭到了污染，大量鸣禽死亡。这封信让卡森坚定了公开发声的决心，她开始收集资料，准备撰写一部关于杀虫剂滥用与环境保护的作品。

1960年春，卡森查出了乳腺癌，随后数年饱受治疗之苦，但她忍受着病痛的折磨完成了书稿。1962年，《寂静的春天》缩编版在《纽约客》上三期连载，引起轰动。当年10月全书出版，整个秋天雄踞畅销书榜首。卡森对杀虫剂生态危害的阐释如手术刀一般精准，而笔触细腻如诗，令人心颤。各地民众纷纷向出版社和政府部门写信表达震惊和愤怒，支持卡森提出的"民众应当拥有知情权"

的呼吁。但这本书严重损害了化工巨头的利益，它们联合起来攻击卡森，质疑她的专业资质，甚至抓住她终身未婚这一点大加嘲讽。她被迫参加数次公开辩论和国会听证会，最终以冷静客观的应对和充足的证据赢得了公众和科学家的支持。肯尼迪政府责成总统科学顾问委员会检测书中提到的化学品，后来发布的报告完全证实了卡森的结论。1963年4月，美国CBS电视台专门为卡森制作了一期长达三小时的专题节目，她的观点自此被全美乃至全世界民众所熟知。

1964年4月14日，卡森突发冠心病，逝于华盛顿郊外的银泉镇，终年57岁。病逝前不久，她最后一次参加国会环境危害委员会的听证会，一位参议员模仿南北战争时期林肯总统在白宫接见斯托夫人[1]时的措辞和语调向她致意："卡森小姐……您就是起始一切的那位女士了。"卡森逝世后，她的呼吁逐渐变为实际政策，但经过政界的折射，实施起来已经变了味道。尼克松上任后，为了兑现竞选承诺，成立了环境保护署，在国内完全禁用DDT，并且撤回了对斯里兰卡的抗疟援助——这是在相关机构指出DDT使用的必要性之后仍然强行推动的政治行径，完全违背了卡森的初衷，因为她在书中明确表示自己"并不主张彻底禁用杀虫剂"。受美国影响，世界各国纷纷禁用DDT，而当时疟疾横行的非洲各国如果没有发达国家的援助，根本没有实施DDT抗疟计划的能力。

从20世纪80年代开始，全球染疟死亡的人口急剧增加，让卡森在身后遭受新一轮指责。但将政客的失误归于提出理性呼吁的独立

1　斯托夫人，即哈丽雅特·比彻·斯托（Stowe. H.B.，1811–1896），《汤姆叔叔的小屋》的作者。这本书被认为是美国废奴主义兴起的一大原因。

学者显然不甚合理，个人认为这完全是一种归咎的懒惰。1972年，联合国在斯德哥尔摩召开了"人类环境大会"，签署了《人类环境宣言》，此后《生物多样性保护公约》《气候变化框架》等国际性环保公约纷纷出现，环保理念也成为基础教育阶段着重培养的一项常识。从这个角度来看，卡森女士的作用不逊于启蒙时代的巨匠，而《寂静的春天》也无愧于世界环保史上里程碑式的著作。

最后，请让我讲讲自己与这本书的渊源。2007年初秋，我进入华南农业大学植物保护专业学习，第一节专业导论课上，教授向我们推荐的唯一一本书就是《寂静的春天》。当时买到的是两位学者在20世纪80年代的合译本，但细读之下，发现某些地方值得商榷，毕竟时代所限，译本难免存在瑕疵。

十年之后，又是一个初秋，我把本书的终译稿交给出版社，想起多年前在华农五山公寓考研的日子。当时曾与舍友笑谈："以后成了译者，说不定还要重译《寂静的春天》"。没想到远离植保多年，旧时同窗星散各地，昔日戏言却成了真。写到这里，真觉得头顶悬了一只造化之手，人生自有伏脉宛然。

书稿初成之际，有幸请到本科时的班主任、华南农业大学农学院教授许益镌先生拨冗审读译稿，对某些术语的译法提出了宝贵的修改建议，在此对许老师表示由衷的感谢。由于译者水平所限，终译稿如有疏漏之处，敬请读者诸君不吝赐教。

马绍博

二〇一七年十月四日

蕾切尔·卡森
Rachel Carson（1907—1964）

美国海洋生物学家、作家

1928年毕业于宾夕法尼亚大学女子学院文学专业

1932年获约翰霍普金斯大学动物学硕士学位

1936年受聘于美国渔业管理局

1941年出版第一本著作《海风之下》

1952年辞去工作，成为自由作家

1960年查出罹患乳腺癌

1962年出版《寂静的春天》

1964年因突发冠心病逝世，终年57岁

1980年追授"总统自由勋章"

主要作品

《海风之下》*Under the Sea-Wind*（1941）

《我们周围的海洋》 *The Sea Around Us*（1951）

《海的边缘》 *The Edge of The Sea*（1955）

《寂静的春天》*Silent Spring*（1962）

寂静的春天

作者 _ [美]蕾切尔·卡森　　译者 _ 马绍博

产品经理 _ 赵鹏　　装帧设计 _ 山葵栗　王雪　　产品总监 _ 陈亮　　技术编辑 _ 丁占旭

责任印制 _ 梁拥军　　出品人 _ 刘方

营销团队 _ 欢莹　庄舒杨

果麦
www.guomai.cc

以 微 小 的 力 量 推 动 文 明

图书在版编目（CIP）数据

寂静的春天 / （美）蕾切尔·卡森著 ； 马绍博译
. -- 北京 ： 台海出版社，2022.11
　ISBN 978-7-5168-3383-4

Ⅰ. ①寂… Ⅱ. ①蕾… ②马… Ⅲ. ①环境保护－普
及读物 Ⅳ. ①X-49

中国版本图书馆CIP数据核字(2022)第162836号

寂静的春天

| 著　　者： | [美]蕾切尔·卡森 | 译　者：马绍博 |

| 出 版 人： | 蔡　旭 | 装帧设计：山葵栗　王雪 |
| 责任编辑： | 俞滟荣 | |

出版发行：台海出版社
地　　址：北京市东城区景山东街 20 号　邮政编码：100009
电　　话：010-64041652（发行、邮购）
传　　真：010-84045799（总编室）
网　　址：www.taimeng.org.cn/thcbs/default.htm
E - ma i l：thcbs@126.com

经　　销：全国各地新华书店
印　　刷：河北鹏润印刷有限公司
本书如有破损、缺页、装订错误，请与本社联系调换

开　　本：880 毫米 × 1230 毫米	1/32
字　　数：193 千字	印　张：9
版　　次：2022 年 11 月第 1 版	印　次：2022 年 11 月第 1 次印刷
书　　号：ISBN 978-7-5168-3383-4	

定　　价：42.00 元